2025

全国监理工程师（水利工程）学习丛书

建设工程进度控制

（水利工程）

中国水利工程协会　组织编写

中国水利水电出版社
www.waterpub.com.cn
·北京·

内 容 提 要

根据全国监理工程师职业资格考试水利工程专业科目考试大纲，中国水利工程协会在《建设工程进度控制（水利工程）》（第四版）的基础上组织修订了本书。全书共五章，主要内容包括绪论、基础知识、网络计划技术及进度动态分析、施工进度计划编制、施工进度控制。

本书具有较强的实用性，可作为全国监理工程师（水利工程）职业资格考试辅导用书，也可作为其他水利工程技术管理人员的培训用书和大专院校相关专业师生的参考用书。

图书在版编目（CIP）数据

建设工程进度控制：水利工程 / 中国水利工程协会组织编写. -- 北京：中国水利水电出版社，2025.1.
（全国监理工程师（水利工程）学习丛书：2025版）.
ISBN 978-7-5226-3099-1

Ⅰ．TV512

中国国家版本馆CIP数据核字第20240VB744号

	全国监理工程师（水利工程）学习丛书（2025版）
书　名	**建设工程进度控制（水利工程）** JIANSHE GONGCHENG JINDU KONGZHI （SHUILI GONGCHENG）
作　者	中国水利工程协会　组织编写
出版发行	中国水利水电出版社 （北京市海淀区玉渊潭南路1号D座　100038） 网址：www.waterpub.com.cn E-mail：sales@mwr.gov.cn 电话：（010）68545888（营销中心）
经　售	北京科水图书销售有限公司 电话：（010）68545874、63202643 全国各地新华书店和相关出版物销售网点
排　版	中国水利水电出版社微机排版中心
印　刷	天津嘉恒印务有限公司
规　格	184mm×260mm　16开本　10.25印张　243千字
版　次	2025年1月第1版　2025年1月第1次印刷
定　价	46.00元

凡购买我社图书，如有缺页、倒页、脱页的，本社营销中心负责调换
版权所有·侵权必究

建设工程进度控制（水利工程）（第五版）
编审委员会

主　　任　赵存厚

副 主 任　安中仁　　伍宛生　　聂相田

委　　员　容　蓉　　黄忠赤　　许文涛　　冯　松
　　　　　张　凤　　张　晗　　张晓利　　陶晓东
　　　　　刘小来　　何海波　　伍松柏　　张译丹
　　　　　芦宇彤　　李　健

秘　　书　官贞秀　　陈丹蕾

序

当前，在以水利高质量发展为主题的新阶段，水利行业深入贯彻落实习近平总书记"节水优先、空间均衡、系统治理、两手发力"治水思路和关于治水重要论述，加快发展水利新质生产力，统筹高质量发展和高水平安全、高水平保护，推动水利高质量发展、保障我国水安全；以进一步全面深化水利改革为动力，着力完善水旱灾害防御体系、实施国家水网重大工程、复苏河湖生态环境、推进数字孪生水利建设、建立健全节水制度政策体系、强化体制机制法治管理，大力提升水旱灾害防御能力、水资源节约集约利用能力、水资源优化配置能力、江河湖泊生态保护治理能力。水利工程建设进入新一轮高峰期，建设投资连续两年突破万亿元，建设项目量大、点多面广，建设任务艰巨，水利工程建设监理队伍面临着新的挑战。水利工程建设监理行业需要积极适应新阶段要求，提供高质量的监理服务。

中国水利工程协会作为水利工程行业自律组织，始终把水利工程监理行业自律管理、编撰专业书籍作为重要业务工作。自2007年编写出版"水利工程建设监理培训教材"第一版以来，已陆续修订了四次。近三年来，水利工程建设领域的一些法律、法规、规章、规范性文件和技术标准陆续出台或修订，适时进行教材修订十分必要。

本版学习丛书主要是在第四版全国监理工程师（水利工程）学习丛书的基础上编写而成的。本版学习丛书总共为9分册，包括：《建设工程监理概论（水利工程）》《建设工程质量控制（水利工程）》《建设工程进度控制（水利工程）》《建设工程投资控制（水利工程）》《建设工程监理案例分析（水利工程）》《水利工程建设安全生产管理》《水土保持监理实务》《水利工程建设环境保护监理实务》《水利工程金属结构及机电设备制造与安装监理实务》。

希望本版学习丛书能更好地服务于全国监理工程师（水利工程）学习、培训、职业资格考试备考，便于从业人员系统、全面和准确掌握监理业务知识，提升解决实际问题的能力，为推动水利高质量发展、保障我国水安全作出新的更大的贡献。

中国水利工程协会

2024年12月6日

前　言

本册《建设工程进度控制（水利工程）》是全国监理工程师（水利工程）学习丛书的组成分册。本版是根据全国监理工程师职业资格考试水利工程专业科目考试大纲，在第四版全国监理工程师（水利工程）学习丛书的基础上编写而成的。本次编写主要依据现行法律、法规、规章、规范性文件和标准，优化了进度控制基本知识内容，增加了施工组织的基础知识、水利水电工程施工组织设计以及专业工程施工组织的内容，选取了典型水利工程介绍了施工进度计划的编制基本步骤。全书共五章，主要介绍了水利工程建设进度控制的基础知识、基本方法，各阶段进度控制要点和控制效果。本书编写注重知识的合法性、完整性和实践性。

本书由中水淮河规划设计研究有限公司伍宛生任主编，原长江水利委员会人才资源开发中心容蓉、中水淮河安徽恒信工程咨询有限公司黄忠赤任副主编。具体分工如下：第一章由中水淮河安徽恒信工程咨询有限公司黄忠赤修订；第二章由中水淮河安徽恒信工程咨询有限公司黄忠赤、许文涛、张晗，原长江水利委员会人才资源开发中心容蓉修订；第三章由原长江水利委员会人才资源开发中心容蓉修订；第四章由中水淮河安徽恒信工程咨询有限公司冯松，南通通源建设监理有限公司陶晓东、刘小来、何海波，辽宁水利土木工程咨询有限公司张晓利、长江水利水电开发集团（湖北）有限公司伍松柏修订；第五章由中水淮河安徽恒信工程咨询有限公司黄忠赤、张凤，南通通源建设监理有限公司刘小来修订。全书由原长江水利委员会人才资源开发中心容蓉统稿，华北水利水电大学聂相田主审。同时感谢辽宁水利土木工程咨询有限公司张晓利、安徽省水利科学研究院赵殿信、浙江广川工程咨询有限公司张天山、安徽治淮投资公司何建新、河南华北监理公司刘英杰等对本书的修订给予的大力支持与帮助。

本书编写中参考和引用了参考文献中的部分内容，谨向这些文献的作者致以衷心的感谢！

限于作者水平，书中难免有不妥之处，恳请读者批评指正。

编　者
2024 年 12 月 5 日

目 录

序
前言

第一章 绪论 ··· 1
    第一节 工程进度及相关概念 ·· 1
    第二节 影响水利建设工程进度的主要因素 ·· 9

第二章 基础知识 ··· 12
    第一节 施工组织管理 ·· 12
    第二节 工作分解结构 ·· 20
    第三节 施工组织设计 ·· 27

第三章 网络计划技术及进度动态分析 ·· 45
    第一节 网络计划技术基础知识 ·· 45
    第二节 网络计划的优化 ··· 72
    第三节 进度的动态分析方法 ··· 82

第四章 施工进度计划编制 ·· 88
    第一节 施工进度计划编制 ·· 88
    第二节 典型水利工程施工进度计划编制 ·· 96

第五章 施工进度控制 ·· 125
    第一节 施工进度控制监理工作程序、内容和措施 ·· 125
    第二节 施工进度计划的检查比较与分析 ·· 133
    第三节 施工进度计划调整 ·· 135
    第四节 暂停施工和工期延误管理 ··· 137

参考文献 ··· 150

第一章 绪 论

本章概述了建设工程进度控制的基本概念、建设工程进度计划体系的组成以及建设工程进度计划表示方式,并着重分析了影响水利建设工程进度的主要因素。

第一节 工程进度及相关概念

本节通过介绍建设工程进度控制的基本概念、进度计划体系的组成以及进度计划的表示的方式,说明了建设工程进度控制的主要内容。

一、工程进度

进度是指进展的速度,也可指进行工作的先后快慢的计划。

工程进度是指工程项目进展的速度,也可指工程进度计划,涵盖了项目的任务分解、工作计划、时间管理、资源配置等要素。

二、工程进度计划

(一) 工程进度计划的概念

工程进度计划是以工程总工期以及阶段性目标为依据,充分考虑影响工程进度的各种因素,对整个工程的各工作(或各类工程)在时空上进行系统规划,是工程实施的整体性、全局性和经济性在时间和空间安排上的体现。

水利建设工程进度计划以水利建设工程为对象,根据建设总工期(或合同工期)及阶段性目标,按资源优化配置的原则,采用相应的进度计划编制工具,选择合适的进度计划表示方法,将各项工作(或各类工程)按顺序和持续时间进行安排。

(二) 水利建设工程进度计划体系

在我国现行水利工程建设管理体制下,水利建设工程主要参建单位包括项目法人(建设单位或发包人,下同)、勘测、设计、施工、监理、检测、监测单位以及原材料、中间产品、设备供应商等单位。以项目法人为主导,以建设工程为对象,项目法人与相关勘测、设计、施工、监理、材料及设备供应等单位签订的相关合同为纽带,合同中围绕建设工程的施工进度控制,形成相关工作(服务)计划或进度计划一并构成了相互联系、相互制约的建设工程的进度计划体系,各参建单位协调一致按各自合同约定的工作(或服务)范围,按时保质完成相应任务,实现建设工程的进度目标。

1. 项目法人的进度(或工作)计划

项目法人编制的进度(或工作)计划包括工程项目前期工作计划、工程项目建设总进度计划和工程项目年度计划。

(1) 工程项目前期工作计划。

根据《水利工程建设项目法人管理指导意见》(水建设〔2020〕258号),项目法人在项目可行性研究报告批准后成立,其职责中与前期工作有关的内容包括:①组织开展或协助水行政主管部门开展初步设计编制、报批等相关工作;②按照基本建设程序和批准的建设规模、内容,依据有关法律法规和技术标准组织工程建设;③根据工程建设的需要,组建现场管理机构,任免其管理、技术及财务等重要岗位负责人;④负责办理工程质量、安全监督及开工备案手续;⑤参与做好征地拆迁、移民安置工作,配合地方政府做好工程建设其他外部条件落实等工作。在项目法人职责中①④⑤款与施工进度有着密切关系,因此前期工作计划与这些职责的履行密不可分。

(2) 工程项目建设总进度计划。

工程项目建设总进度计划(也称控制性总进度计划)是根据批复后的初步设计,对工程项目从开始建设(设计、施工准备)至竣工验收全过程的统一部署。其主要目的是安排各单位工程的建设进度,合理分配年度投资,组织各方面的协作,保证初步设计所确定的各项建设任务的完成。工程项目建设总进度计划对于保证工程项目建设的连续性,增强工程建设的预见性,确保工程项目按期竣工,都具有十分重要的作用。

根据《水利水电工程初步设计报告编制规范》(SL/T 619—2021),工程项目建设总进度计划应提出工程筹建期、工程准备期、主体工程施工期、工程完建期四个阶段的控制性关键项目及进度安排、工程量及工期。

控制施工进程的重要关键节点是工程建设过程中某些重要事件或关键性工程开始或完成的时间,是工程进度控制的重要时间节点,例如:截流、主体工程开工、下闸蓄水、工程投入运行等。某水利枢纽工程由大坝、发电厂及升船机组成,该水利枢纽工程的控制施工进程的重要关键节点见表1-1-1。

表1-1-1　　　　某水利枢纽工程的控制施工进程的重要关键节点

序号	项　目	计划开始/完成日期
一	施工准备重要关键节点	
1	正式开工	
二	导流工程重要关键节点	
1	开始土埝围堰填筑	2017-12-06
2	完成一期上、下游土石围堰填筑	2019-05-31
3	完成厂房上游混凝土围堰填筑和厂房下游土石围堰填筑	2020-09-30
4	完成右岸二期主河床截流	2020-11-01
5	完成厂房下游土石围堰拆除	2022-11-30
三	大坝工程重要关键节点	
1	泄洪冲沙底孔坝段完成,底孔弧门及其启闭机安装完成,底孔具备过流条件	2020-09-30
2	厂坝导墙及厂坝导墙坝段浇筑至顶高程	2020-10-31

续表

序号	项目	计划开始/完成日期
3	右岸5孔溢流坝段（表孔坝段）混凝土全部浇筑完成	2021-05-31
4	泄洪冲沙底孔下闸蓄水	2022-11-30
5	完成右岸5孔溢流坝段（表孔坝段）弧形闸门等金属结构安装	2023-01-31
四	升船机工程重要关键节点	
1	完成塔柱施工	2021-08-31
2	完成桥机安装	2021-10-31
3	完成第一次平衡重挂装	2021-12-31
4	完成二期埋件、螺母柱、齿条安装	2022-06-31
5	完成无水调试	2022-08-31
6	完成第二次平衡重挂装	2022-09-30
7	完成有水调试	2022-11-30
8	试运行	2022-12-31

（3）工程项目年度计划。

工程项目年度计划是依据工程项目建设总进度计划和批准的设计文件进行编制的。工程项目年度计划既要满足工程项目建设总进度计划的要求，又要与当年资金投入计划，材料及工程设备、施工设施设备及人员需求计划，施工现场条件（场地、道路、水、电、风、通信等）相适应，同时还要满足水利工程度汛安全、灌溉、供水等方面的要求。

2．施工单位的进度计划

根据《水利水电工程标准施工招标文件（2009年版）》和《水利工程施工监理规范》（SL 288—2014），承包人即施工单位按合同约定编制的进度计划包括：施工总进度计划，按项目划分的单位工程施工进度计划、分部工程进度计划，按时间划分的年、季、月进度计划。

（1）施工总进度计划。

施工总进度计划是承包人根据施工合同及监理人的施工总进度计划编制要求，对合同工程所有单位工程（或分部工程）做出时间安排，明确各单位工程（或分部工程）施工期限及开完工日期，进而确定施工现场劳动力、施工机械（具）、原材料（中间产品）和工程设备的需要数量和调配计划。在编制施工总进度计划时，充分考虑现场临时设施配置、水电供应量和能源、交通需求量、工程安全度汛等制约因素，还应评估自然条件和社会因素对工程进度影响的风险。编制科学及合理的施工总进度计划，是保证整个建设工程按期竣工、充分发挥投资效益、降低建设工程成本的重要条件。

（2）单位工程（分部工程）施工进度计划。

单位工程施工进度计划是施工总进度计划在单位工程层面上的细化，一般细化到分部工程（或重要的施工过程）。分部工程施工进度计划是单位工程施工进度计划在分部工程层面上的细化，一般细化到单元工程（或重要工序）。

(3) 年进度计划。

年进度计划是承包人提交的进度计划实施措施内容之一。承包人应在每年12月，编制下年度的进度计划，其内容包括以下几点：

1) 计划完成的年工程量及其施工面貌。
2) 该年施工所需的机具、设备、材料的数量和需要补充采购的计划。
3) 要求发包人提供的施工图纸计划。
4) 提出由发包人和其他承包人提供工程设备、预埋件的计划要求。
5) 该年施工工作面移交计划日期和要求其他承包人提供工作面的计划日期。
6) 该年各施工工程项目的试验检验计划。
7) 工程安全措施实施计划等。

为了有效地控制建设工程施工进度，承包人还应按监理人的要求，编制季度、月进度计划，将施工进度计划逐层细化，形成一个月、季、年相互联系、相互制约的计划体系。

3. 设计单位的服务计划

根据《中华人民共和国标准设计招标文件（2017年版）》，在设计服务限期内，设计人应按设计合同约定的期限和要求，向发包人提交有关设计文件。设计文件是工程设计的最终成果和施工的重要依据，应当根据设计合同约定工程的设计内容和不同阶段的设计任务、目的和要求等进行编制。设计文件的内容和深度应当满足对应阶段的规范要求。

4. 材料和设备的采购计划

根据《中华人民共和国标准材料采购招标文件（2017年版）》和《中华人民共和国标准设备采购招标文件（2017年版）》，在采购招标文件中的投标人须知中明确了招标范围、交货期、交货地点、质量标准（或技术性能指标）等内容。材料采购合同约定了合同材料运输、交付的时间和要求。设备采购合同约定卖方制订生产制造合同设备的进度计划时，应将买方的监造纳入计划安排，同时还约定了合同设备运输、交付的时间和要求。

（三）进度计划的表示方法

建设工程进度计划常用的表示方法有横道图、工程网络计划、工程形象进度图、工程进度曲线等。

1. 横道图

(1) 横道图的概念。

横道图也称甘特图，是美国人甘特（Henry L. Gantt）于1917年提出的一种进度计划表示方法。因其形象、直观，易于编制和理解，被广泛应用于建设工程进度计划编制、实施与控制。

横道图一般包括两个基本部分，即左侧为工作名称及工作的持续时间等基本数据部分，右侧为时间坐标及横道线部分。例如，某引水工程施工进度计划（横道图）如图1-1-1所示。

(2) 横道图的特点。

1) 能准确地表示所有工作的开始和完成时间，包括计划工期及开、完工时间。
2) 表示的进度计划简明且清晰，易于理解。

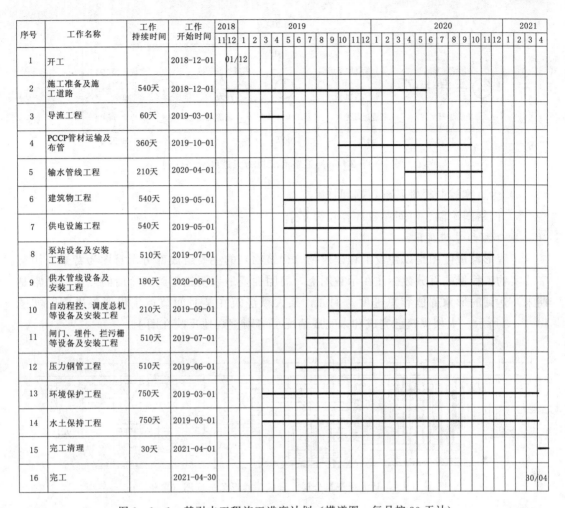

图 1-1-1　某引水工程施工进度计划（横道图，每月按 30 天计）

3）不能明确反映各项工作之间的逻辑关系。

4）不能明确反映影响工期的关键工作和关键线路。

5）不能反映各项工作所具有的机动时间，不便于进行偏差分析和资源调配。

2. 工程网络计划

（1）工程网络计划的概念。

美国兰德公司与杜邦公司于 1956 年提出关键线路法，成为工程网络计划技术的基础。工程网络计划是指以建设工程为对象，运用工程网络计划技术编制的网络计划。例如，某河道整治工程施工进度网络计划如图 1-1-2 所示。

（2）工程网络计划的特点。

1）能准确表示各项工作之间的逻辑关系。

2）通过计算可获得所有工作的时间参数及计算工期等，确定关键线路和关键工作。

3）在不影响工期的前提下，利用工作机动时间进行资源调配。

4）可进行工期优化、工期-费用优化和工期-资源优化等。

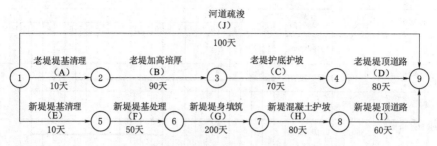

图 1-1-2 某河道整治工程施工进度网络计划

5）为进度控制提供基础数据和技术支撑。

6）网络图绘制、时间参数计算较为复杂。

3. 工程形象进度图

工程形象进度图是以建设工程建筑物（构筑物）的主要组成部分示意图为背景，用文字或实物工程量的百分数标注在示意图上，简明扼要地表明施工到某个时间点上（通常是期末）达到的形象部位和总进度。例如，某大坝浇筑在某时间节点工程形象进度图如图1-1-3所示。大坝浇筑已完成和未完成情况可清晰直观地反映在图上。

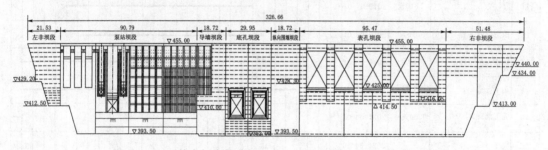

图 1-1-3 某大坝浇筑分层、分区工程形象进度图（单位：m）

4. 工程进度曲线

工程进度曲线是用直角坐标系中的进度曲线表示进度计划，一般横轴表示时间，纵轴表示累计完成工程量（累计完成实物工程量或累计完成工程量的百分比），将相应时间节点的、累计计划完成工程量标注在直角坐标系中，并依次连接，形成的曲线为工程进度计划曲线。若施工是匀速的，则工程进度计划曲线是直线，如图1-1-4（a）（b）所示；若施工是非匀速的且为正态分布的，如图1-1-4（c）所示；若工程进度计划曲线为类似S形的曲线，因此该工程进度曲线也称S形曲线，如图1-1-4（d）所示。工程进度曲线主要用于以累计完成工程量判定工程的进展情况。例如，某水利工程土石方开挖计划工程进度曲线如图1-1-5所示。

三、工程进度控制

（一）工程进度控制的概念

工程进度控制是指根据施工合同的计划工期及阶段性目标、建设工程施工技术方案的要求，以各种资源计划为基础，编制技术可行且经济合理的工程施工进度计划，对施工全

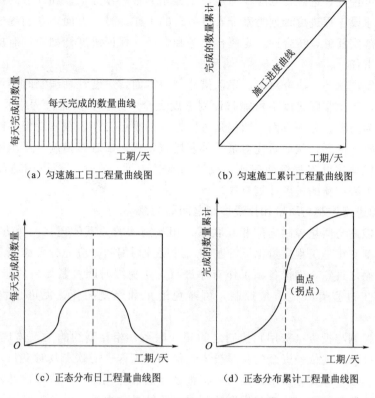

图 1-1-4 工程进度曲线示意图

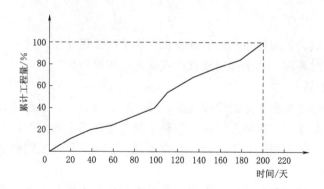

图 1-1-5 某水利工程土石方开挖计划工程进度曲线

过程进行跟踪、检查,发现实际进度比计划进度延误时,及时分析原因研究对策,采取补救措施或调整原进度计划后再付诸实施,如此循环,直到合同工程验收、工程竣工验收交付使用。因此建设工程进度控制包括进度计划编制、实施、检查、比较分析、调整等环节的相关工作。

水利建设工程进度控制重点体现在以下两个方面:

(1) 保证进度计划的严肃性与约束力。一方面,在编制进度计划时要充分考虑在技术、资源、自然、环境、社会经济和管理等方面的影响因素,使进度计划具有较强科学性、适应性和可控性，进度计划应作为建设工程相关参建各方工作和任务的刚性约束，各参建单位应以建设工程进度计划为基准安排各自的工作。另一方面，在实施过程中参与各方按进度计划落实任务，按合同约定履行义务和责任，保证进度计划协调有序地实施，否则将承担违约责任。

（2）及时发现偏差、研究对策、采取措施。一方面，进度计划编制时不可能预见所有的问题和风险，因此实际进度不可能与计划进度完全一致。在实施过程中及时发现偏差，对降低损失尤为重要。另一方面，纠偏是进度控制的重点工作，在发现偏差的同时对其原因应有准确分析与判断，从而研究对策并采取措施，或采取赶工措施，小范围、小幅度调整进度计划，保证建设工程按期完成；或适当延长工期，在一定范围内适度调整进度计划，保证建设工程按新的进度计划有序进行。

（二）工程进度控制与质量和投资控制之间的关系

工程进度控制与质量控制之间相互联系、相互制约的关系体现在两个方面：一方面，合理的工程进度安排是工程质量保证的基础，进度计划编制时应充分考虑施工质量对时间的要求，不能操之过急，确保各项工作有序进行，避免因时间过紧导致质量问题的出现；另一方面，施工过程有效地质量控制，可避免返工和修复工作，促进工程进度目标的实现。

工程进度控制与投资（费用）控制之间相互联系、相互制约的关系体现在三个方面：①工程进度目标的实现依赖资金的及时投入，例如，工程进度款未及时支付，资金投入不足将影响施工进度；②资源需求计划与工程进度计划的优化匹配，既可保证施工进度，又可避免资源的浪费和闲置；③工程进度的延误，可能导致人员、设备等费用增加。

四、工期

在建设工程领域，工期是指建设项目或独立的单项工程在建设过程中所耗用的时间总量，它从开工建设时算起，到全部建成投产或交付使用时停止。

（一）施工总工期

根据《水利水电工程施工组织设计规范》（SL 303—2017），工程建设全过程可划分为工程筹建期、工程准备期、主体工程施工期和工程完建期四个施工时段。在初步设计阶段编制施工总进度时，工程施工总工期为工程准备期、主体工程施工期和工程完建期之和。

1. 工程筹建期

工程筹建期是主体工程开工前，为主体工程施工具备进场开工条件所需时间，其工作内容主要为对外交通、施工供电和通信系统、征地补偿和移民安置等。

2. 工程准备期

工程准备期是准备工程开工起至关键线路上的主体工程开工或河道截流闭气前的工期，其工作内容主要包括场地平整、场内交通、施工工厂设施、必要的生活生产房屋建设以及实施经批准的试验性工程等。根据确定的施工导流方案，工程准备期内还应完成必要的导流工程。

3. 主体工程施工期

主体工程施工期是自关键线路上的主体工程开工到工程开始发挥效益为止的工期。例如：从河道截流开始，至第一台机组发电。

4. 工程完建期

工程完建期是自水利水电工程开始发挥效益起，至工程完工的工期。例如：第一台发电机组投入运行，至全部工程发挥效益。

（二）日期与合同工期

根据《水利水电工程标准施工招标文件（2009年版）》，开工日期、完工日期、工期（合同工期）术语定义如下。

1. 开工日期

开工日期是指监理人发出的开工通知中载明的开工日期。监理人应在开工日期7天前向承包人发出开工通知，工期自监理人发出的开工通知中载明的开工日期起计算。

2. 完工日期

完工日期是指合同工期届满时的日期。实际完工日期以合同工程完工证书中写明的日期为准。

3. 合同工期

合同工期是指承包人在投标函中承诺的完成合同工程所需的期限，包括因发包人原因、异常恶劣的气候条件、工期提前条款约定的变更。合同工期为开工日期至完工日期之间的时间。

第二节 影响水利建设工程进度的主要因素

水利工程建设具有投资规模大、建设周期长、涉及面广、工艺技术复杂以及相关单位多等特点，工程进度受到参建各方自身因素，以及现场环境因素、社会经济因素的影响和制约。因此，在工程建设过程中应充分考虑不同阶段各方面因素的影响。

一、影响施工准备阶段进度的主要因素

施工准备阶段是指水利工程建设项目可行性研究报告批准以后至初步设计批准之前的工作时段。根据《水利部关于进一步优化调整水利工程建设项目施工准备工程开工条件的通知》（水建设〔2024〕90号），水利工程施工准备阶段施工准备工程开工条件包括：项目可行性研究报告已经批准，环境影响评价文件已经批准，年度投资计划已经下达或建设资金已经落实。施工准备阶段施工准备工程建设内容包括：现场征地、拆迁，进场道路及场内交通工程，施工供电、供水、供风、通信、火工材料和油料仓储设施、施工支洞、场地平整等临时工程，料场开采、砂石加工、混凝土生产、大型施工机械设备土建及安装、施工导流以及经批准的应急工程、试验工程等专项工程，生产生活所必需的其他临时建筑工程。在施工准备阶段施工准备工程建设过程中，影响工作进度和工程进度最主要的因素是现场征地拆迁和移民安置。水利工程建设项目规模大、影响范围广，征地拆迁和移民安置难以避免，征地拆迁和移民安置工作具有点多面广、利益相关方多、政策性强的特点，既受行政审批的制约，也与相关方的沟通协调相关，需要相关方做大量细致、耐心的沟通

协调。征地拆迁和移民安置的进度不仅影响施工准备阶段的进度，也直接持续影响主体工程施工阶段的进度。

二、影响主体工程施工阶段进度的主要因素

主体工程施工阶段，影响施工进度的因素主要有以下几个方面。

(一) 各参建单位的项目组织管理对施工进度的影响

项目法人、监理单位、施工单位、设计单位在施工现场都成立了项目管理机构，项目管理机构的履职情况、项目管理机构的组织体系是否健全、管理工作是否到位与施工进度都有密切的关系。例如，项目法人工程建设资金筹措不充分，进度款拖延支付等；监理机构在检查、检验、审查、审核、批准等未按合同约定的期限内完成；设计单位设计深度不足，未按计划提供图纸等都会影响施工进度。

施工单位是工程施工的直接主体，其项目部的组织管理尤为重要。项目部领导集体的决策力、团队的执行力、内部有效的组织管理协调，项目部成员的职业素养、作业班组调配是否合理等都与工程能否按期完成息息相关。

(二) 主体工程开工条件准备对施工进度的影响

水利工程建设项目初步设计已经批准，招投标（施工、监理、材料及设备采购等）已经结束，项目建设进入主体工程实施阶段。充分的开工条件准备是主体工程施工能否顺利进行的先决条件。根据《水利工程施工监理规范》（SL 288—2014）的规定，监理单位应对主体工程开工条件准备进行全面检查，包括监理机构的准备工作、项目法人应提供的施工条件、施工单位的施工准备是否满足开工要求。

(1) 监理机构的准备工作主要包括：设立现场监理机构、配置人员及岗前培训，建立监理工作制度，收集项目的相关合同文件及相关技术标准，完善监理机构的办公、生活、工作条件，编制监理规划和监理实施细则等。

(2) 项目法人应提供的施工条件主要包括：首批开工项目图纸的提供，施工用地的提供，合同约定应有项目法人提供的"五通一平"等现场条件等。

(3) 施工单位的施工准备情况主要包括：人员及施工设备，原材料及中间产品质量、规格，质量检测条件及能力，质量保证体系建立、安全生产管理机构成立，施工组织设计、专项施工方案等技术文件准备等。

(三) 材料和设备对施工进度的影响

材料和设备是工程建设的基本要素，对工程进度产生直接影响。如材料、构配件、机具、设备供应环节的差错，品种、规格、质量、数量、时间未能满足工程需要；特殊材料及新材料的不合理使用；施工设备不配套，选型不当，安装失误，故障频发等，都会影响施工进度。

(四) 施工技术方案对施工进度的影响

施工技术方案是施工组织安排的指南，施工技术方案应遵循因地制宜原则，既要考虑技术上科学性和可行性，又要在时间空间上合理安排。承包人编制的施工技术方案应报送监理机构批准，重大项目的施工技术方案需要进行论证并报批，这些程序性要求就是为了

保证施工技术方案科学性、可行性、经济性和安全性。

（五）环境对施工程进度的影响

复杂的工程地质条件；不利的水文气象条件，如地下文物的保护与处理，洪水、地震、台风及不可抗力等自然因素；当地社会经济发展水平、营商环境等社会因素等都会对工程进度产生负面影响。为防范工程地质和水文气象等自然因素的影响，在合同条款中特别约定了不利物质条件、异常恶劣的气候条件、化石与文物、不可抗力等风险管理的情形和处理方式。

三、影响竣工验收进度的主要因素

根据水利水电建设工程验收相关规定，水利水电建设工程验收分为分部工程验收、单位工程验收、合同工程完工验收、阶段验收、专项验收、竣工验收等，在水利水电建设工程验收中，除竣工验收外，其余验收均为竣工验收的前置条件。影响竣工验收进度的最主要因素是移民安置专项验收、工程遗留问题的处理。

（1）移民安置专项验收对进度的影响。专项验收中的移民安置验收层级多，包括移民区和移民安置区县级人民政府组织的自验、与项目法人签订移民安置协议的地方人民政府会同项目法人组织的初验，国务院水行政主管部门或省级人民政府或其指定的移民管理机构主持的终验。移民安置验收的内容涉及移民安置工作的方方面面，包括农村移民安置、城（集）镇迁建、企（事）业单位处理、专项设施处理、防护工程建设、水库库底清理、移民资金使用管理、移民档案管理、水库移民后期扶持政策落实措施、移民迁建手续办理等。

（2）工程遗留问题处理对进度的影响。工程遗留问题包括历次验收、专项验收的遗留问题和工程初运行所发现的问题、工程质量抽样检测中发现的质量问题。工程遗留问题的处理情况是竣工验收主要内容之一，有些工程遗留问题较为复杂，处理难度较大，需要较长的时间。

（3）工程投资到位情况也是影响竣工验收进度的因素。在工程实践中，有些项目地方配套资金难以落实，导致工程竣工验收的一再推迟。

第二章 基础知识

施工组织、工作分解结构是编制施工进度计划的基础知识和工具，水利工程施工组织设计及专业工程施工组织等相关内容，是编制施工组织设计中的施工进度计划所需的水利工程施工组织的基础知识。

第一节 施工组织管理

施工组织是根据批准的建设计划、设计文件（施工图）和施工合同，编制建设（或合同）工程的施工组织设计，作为指导施工的技术纲领性文件，确定施工技术方案，合理地配置资源、统筹空间和时间的安排，着眼于工程施工中关键工序的安排，使之有组织、有秩序进行施工。

一、施工组织原则和任务

（一）施工组织原则

施工组织应遵循连续性、协调性、均衡性和经济性等原则，各项原则既相关联系、相互制约、互为条件。

1. 施工的连续性

连续性是指建筑物（构筑物）在施工过程中，相邻工序在时间安排上应紧密衔接，表现为建筑物（构筑物）始终处于被建造的状态，包括被检验、处于自然过程（如养护、自然沉降）。应尽量避免施工中出现时续时断的情况，保持和提高施工过程的连续性，可以减少资源的闲置时间，节省资金，提高劳动生产率，为缩短建设周期、降低成本创造了条件。

2. 施工的协调性

施工的协调性是指在施工过程中，各工序之间的施工能力上基本平衡，即各工序保持同步进行的状态，避免出现各工序之间因施工速度相差过大，造成因前面工序未完成、后面工序停滞的情况。协调性是为了保证各工序施工可持续进行，提高资源的有效使用率。

3. 施工的均衡性

施工的均衡性是指各工序在时间安排上保持施工速度相对稳定，应尽量避免时松时紧、前紧后松或前松后紧的情况。均衡性是为了发挥资源使用效率，有利于保证施工质量、降低成本、合理调配劳动力和施工设备。

4. 施工的经济性

施工的经济性是指施工过程的组织除满足技术要求外，保持质量、进度及经济目标的一致性。施工的连续性、协调性和均衡性不仅体现在施工组织上，其结果可通过经济指标反映出来。

（二）施工组织任务

1. 制定施工计划

根据工程项目的特点、规模、工期等因素，制定合理的施工技术方案（包括施工组织设计、施工措施计划等）、施工进度计划，选择合适的施工技术和方法，并不断改进创新，学习借鉴成熟的新技术、新工艺，使用新材料、新产品、新设备。

2. 资源配置

根据施工组织设计及施工进度计划，编制资源需求计划，并合理调配施工所需的人力、材料设备、资金等资源，确保工程施工的顺利进行。

二、施工组织方式

施工组织方式是指对施工对象在空间和时间上的安排方式。水利建设工程施工对象包括单位工程、分部工程、单元工程（工序）等，根据工程施工特点、工艺流程、资源利用等要求不同，施工组织方式可分为顺序施工、平行施工和流水施工三种方式。

为说明三种施工组织方式及其特点，现以某堤防工程为例，将其划分为3段，为保护清基面，需完成首层填筑。堤防工程分解为堤基处理、土料摊铺和土料碾压三个施工过程，分别由相应的专业队按施工工艺顺序依次完成，每个专业队在每段堤防工程的施工时间均为1天，各专业队的人数分别为8人、4人和2人，三种施工方式的进度计划如图2-1-1所示。

施工过程	人数	施工天数	进度计划/天									进度计划/天			进度计划/天				
			1	2	3	4	5	6	7	8	9	1	2	3	1	2	3	4	5
堤基处理1	8	1	━									━			━				
堤基处理2	8	1		━								━				━			
堤基处理3	8	1			━							━					━		
土料摊铺1	4	1				━							━			━			
土料摊铺2	4	1					━						━				━		
土料摊铺3	4	1						━					━					━	
土料碾压1	2	1							━					━			━		
土料碾压2	2	1								━				━				━	
土料碾压3	2	1									━			━					━
资源需要量/人			8	8	8	4	4	4	2	2	2	24	12	6	8	12	14	6	2
施工方式			顺序施工									平行施工			流水施工				
总工期/天			1+1+1+1+1+1+1+1+1=9									1+1+1=3			1+1+1+1+1=5				
资源需要总量（人）×工期（天）			42×1=42									42×1=42			42×1=42				

图2-1-1 三种施工方式施工进度计划图

对同一工程的三种不同组织方式进行比较。

工期指标：平行施工最短为3天；流水施工次之，为5天；顺序施工最长，为9天。

资源指标：①资源累计投入量均相同；②单位时间资源投入量的平均值：顺序施工最少，为4.7人/天；流水施工次之，为8.4人/天；平行施工最多，为14人/天。

由此可见，以工期、单位时间资源投入量的平均值作为比较指标，流水施工方式较为适宜。

（一）顺序施工

顺序施工也称依次施工，将拟建工程按施工工艺分解为若干个施工过程，每个施工过程组织一个专业工作队，各专业工作队依次完成相关施工任务。顺序施工是一种最基本、最原始的施工组织方式。

顺序施工具有以下主要特点：

（1）工期较长，没有充分利用工作面进行施工。

（2）单位时间内投入劳动力、施工机具等资源较少，有利于资源供应的组织。

（3）在施工的任何时段只有一个专业工作队进行施工作业，施工现场的组织管理比较简单。

（二）平行施工

平行施工是指将拟建工程按施工工艺分解为若干个施工过程，将施工对象在平面上划分为多个施工段，每个施工过程组织相应的专业工作队，同类型专业工作队数量与施工段数量相同。同类型专业工作队，在同一时间、不同施工段上完成相应的施工任务；不同类型的专业工作队按照施工工艺顺序依次完成相应的施工任务。

平行施工具有以下主要特点：

（1）工期短，能够充分利用工作面进行施工。

（2）单位时间内投入的劳动力、施工机具、材料等资源量较顺序施工成倍增加。

（3）在同一时段有多个同类型专业工作队在现场施工，施工现场组织比较复杂。

（4）平行施工适用于工期要求紧迫、工作面开阔且能够保证资源供应的情况。

（三）流水施工

流水施工是指将拟建工程按施工工艺分解为若干个施工过程，将施工对象在平面上划分为多个施工段，每个施工过程各组织一个专业工作队，同一专业工作队依次完成各施工段相应的施工任务，不同专业工作队按施工工艺顺序依次完成各施工段相应的施工任务，同时保证各专业工作队在时间和空间上连续、均衡、有节奏地进行施工，并使相邻两个专业工作队能最大限度地搭接施工。

流水施工有以下主要特点：

（1）工期较短，尽可能利用工作面进行施工。

（2）专业工作队能够连续施工，同时使相邻专业工作队之间能够最大限度搭接施工。

（3）单位时间内投入的劳动力、施工机具等资源较为均衡，有利于资源供应及现场施工组织。

顺序施工、平行施工和流水施工三种施工方式从工期、资源配置和现场管理等方面比较而言，流水施工有较显著的优势。以下介绍流水施工的组织。

三、流水施工参数

组织流水施工需要通过确定一系列流水施工参数来实现，按其性质划分，流水施工参数可分为工艺参数、空间参数和时间参数。

（一）工艺参数

工艺参数主要是指在组织流水施工时，用以表达流水施工在施工工艺方面进展状态的参数，通常包括施工过程和流水强度。

1. 施工过程

组织流水施工时，首先需要将施工对象分解为若干施工过程，施工过程是流水施工的基本单元。当编制控制性施工进度计划时，组织流水施工的施工过程划分可粗一些，可以是单位工程或分部工程。编制实施性施工进度计划时，组织流水施工的施工过程划分可细一些。例如，编制某水闸工程控制性进度计划时，施工过程可以分解为上游连接段、闸室段、下游连接段，其中闸室段可以分解为底板、闸墩、胸墙、闸门等。

2. 流水强度

流水强度又称流水能力或生产能力，是指流水施工中某施工过程（或专业工作队）在单位时间内所完成的工程量。

（二）空间参数

空间参数是指在组织流水施工时，用以表达流水施工在空间布置上开展状态的参数，通常包括工作面和施工段。

1. 工作面

工作面是指提供某专业工种的工人或某种施工机械（具）进行施工的活动空间。每个作业工人或每台（套）施工机械（具）所需工作面的大小，取决于其单位时间完成的工程量和安全施工要求。

2. 施工段

施工段也称流水段，是指在组织流水施工时，将拟建工程在平面划分成若干个工程量相等（或大致相等）的施工区段。划分施工段的目的是充分利用工作面组织流水施工。

施工段划分应遵循原则如下：

（1）各施工段的工程量应大致相等，其相差幅度不宜超过15%，以保证施工的连续性和均衡性。

（2）每个施工段要有足够的工作面，以保证相应数量的工人、主导施工机械的施工效率。

（3）施工段的界限应尽可能与结构界限（如沉降缝、伸缩缝）相同，或设在对建筑结构整体性影响小的部位。

（4）施工段数目要满足合理组织流水施工的要求，施工段数目过多，会降低施工速度，延长工期；施工段过少，不利于充分利用工作面，可能造成窝工。

（三）时间参数

时间参数是指在组织流水施工时，用以表达流水施工在时间安排上所处状态的参数，主要包括流水节拍、流水步距和流水施工工期等。

1. 流水节拍

流水节拍是指在组织流水施工时,某个施工过程(或专业工作队)在一个施工段上的施工时间。流水节拍表明流水施工的速度和节奏性。同一施工过程的流水节拍,主要由施工方法、施工机械,以及在工作面允许的前提下投入施工的工人数量、机械台数,采用的工作班次等因素确定。

2. 流水步距

流水步距是指两个相邻施工过程(或专业工作队)先后进入同一施工段施工的最小时间间隔。确定流水步距时,一般应满足下列要求:

(1)各施工过程(或专业工作队)按各自速度施工,始终保持施工工艺的先后顺序。

(2)各施工过程(或专业工作队)投入施工尽可能保持连续施工。

(3)相邻两个施工过程(或专业工作队)在满足连续施工的条件下,能最大限度地实现合理搭接。

3. 流水施工工期

流水施工工期是指从第一个专业工作队开始流水施工,到最后一个专业工作队完成流水施工为止的整个持续时间。由于建设工程可能包括多组流水施工,故流水施工工期指的是某一组流水施工的工期,一般不是整个工程的总工期。

四、流水施工的分类

在流水施工中,由于流水节拍的规律不同,决定了流水步距、流水施工工期的计算方法也不同,可能影响各施工过程的专业工作队数目。流水施工按流水节拍特征分类如图2-1-2所示。

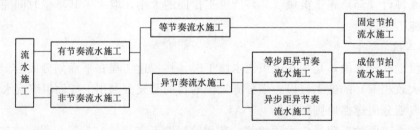

图2-1-2 流水施工的分类

(一)等节奏流水施工

等节奏流水施工(固定节拍流水施工或全等节拍流水施工)是指每个施工过程(或专业工作队)在各施工段上的流水节拍均相同的流水施工。这是一种最理想的流水施工方式,具有以下特点:

(1)所有施工过程在各个施工段上的流水节拍均相等。

(2)相邻施工过程的流水步距(K)相等且等于流水节拍(t),即:$K=t$。

(3)专业工作队数等于施工过程,即每个施工过程组建一个专业工作队。

(4)各专业工作队在各施工段上能够连续施工,施工段之间没有空闲时间。

(5) 流水施工工期按式（2-1-1）计算：
$$T=(m+n-1)K \tag{2-1-1}$$

式中　T——流水施工工期；
　　　m——施工段数；
　　　n——施工过程数；
　　　K——流水步距。

【例 2-1-1】 假设某泵站工程下游翼墙划分为 4 个施工段，施工过程分解为土方开挖、基础处理、钢筋及模板施工、混凝土浇筑，其流水节拍均为 2 天，采用等节奏流水施工方式的施工进度计划如图 2-1-3 所示。

解： 流水步距：$K=t=2$ 天

流水施工工期：$T=(4+4-1)\times 2=14$（天）。

施工过程	施工进度安排/天											
	2	4	6	8	10	12	14	16	18	20	22	24
土方开挖	①	②	③	④								
基础处理		①	②	③	④							
钢筋及模板施工			①	②	③	④						
混凝土浇筑				①	②	③	④					

图 2-1-3　某泵站工程下游翼墙施工进度计划（等节奏流水施工）

（二）异步距异节奏流水施工

异步距异节奏流水施工是指每个施工过程在各施工段上的流水节拍相同，不同施工过程的流水节拍的最大公约数为 1。异步距异节奏流水施工的特点如下：

(1) 每个施工过程在各施工段上的流水节拍相同。

(2) 不同施工过程的流水节拍的最大公约数为 1。

(3) 每个施工过程组建一个专业工作队，依次在各施工段上完成相应的施工任务。

(4) 异步距异节奏流水施工中相邻施工过程的流水步距及流水施工的工期计算方法：

1) 当前一个施工过程（i）的流水节拍（t_i）小于或等于后一个施工过程（i+1）的流水节拍（t_{i+1}）时，即 $t_i \leqslant t_{i+1}$，流水步距 $K_{i,i+1}=t_i$。

2) 当前一个施工过程（i）的流水节拍（t_i）大于后一个施工过程（i+1）的流水节拍（t_{i+1}）时，即 $t_i > t_{i+1}$，流水步距 $K_{i,i+1}=m(t_i-t_{i+1})+t_{i+1}$ 其中，m 为施工段数。

3) 流水施工工期按式（2-1-2）计算。
$$T=\sum K+m\times t_n \tag{2-1-2}$$

式中　$\sum K$——各相邻施工过程之间流水步距之和；
　　　m——施工段数；
　　　t_n——最后一个施工过程的流水节拍。

【例2-1-2】 假定某泵站工程下游翼墙划分为4个施工段,施工过程分解为土方开挖、地基处理、钢筋及模板施工、混凝土浇筑,其流水节拍分别为2天、4天、3天、2天,采用异步距异节奏流水施工方式的施工进度计划如图2-1-4所示。

解: 流水步距:

$K_{1,2} = t_1 = 2$(天)

$K_{2,3} = m(t_2 - t_3) + t_3 = 4 \times (4-3) + 3 = 7$(天)

$K_{3,4} = m(t_3 - t_4) + t_4 = 4 \times (3-2) + 2 = 6$(天)

流水施工工期:$T = \sum K + m \times t_4 = (2+7+6) + 4 \times 2 = 23$(天)

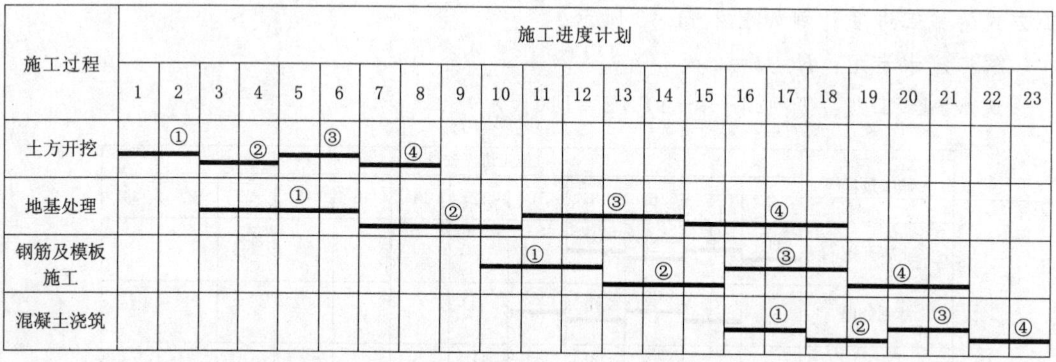

图2-1-4 某泵站工程下游翼墙施工进度计划(异步距异节奏流水施工)

(三) 成倍节拍流水施工

成倍流水施工是指每个施工过程在各施工段上的流水节拍相同,不同施工过程的流水节拍存在倍数关系,专业工作队数大于施工过程数。

成倍节拍流水施工的特点如下:

(1) 每个施工过程在各施工段上的流水节拍相同,不同施工过程的流水节拍都存在倍数关系。

(2) 相邻施工过程的流水步距(K)相等,且等于所有流水节拍的最大公约数,最大公约数大于1。即:$K = (t_1, t_2, \cdots, t_n)$,$(t_1, t_2, \cdots, t_n)$为流水节拍的最大公约数。

(3) 专业工作队数大于施工过程数。某施工过程专业施工队数(b_j)等于该施工过程(j)的流水节拍(t_j)除以流水步距的商,即:$b_j = t_j/K$。

(4) 各专业工作队在施工段上能够连续施工,施工段之间没有空闲时间。

(5) 成倍节拍流水施工工期按式(2-1-3)计算。

$$T = (m + N - 1)K \tag{2-1-3}$$

式中 N——各施工过程专业工作队数之和;

其他参数含义与式(2-1-2)释义相同。

【例2-1-3】 假定泵站工程下游翼墙划分为4个施工段,施工过程分解为土方开挖、基础处理、钢筋及模板施工、混凝土浇筑,其流水节拍分别为2天、4天、4天、2天,采用成倍节拍流水施工方式的施工进度计划如图2-1-5所示。

解：各流水节拍的最大公约数：(2，4，4，2)=2，流水节拍 $K=2$ 天

各专业工作队数：$b_1=2/2=1$，$b_2=4/2=2$，$b_3=4/2=2$，$b_1=2/2=1$

流水施工工期：$T=(m+N-1)K=(4+6-1)\times 2=18$（天）

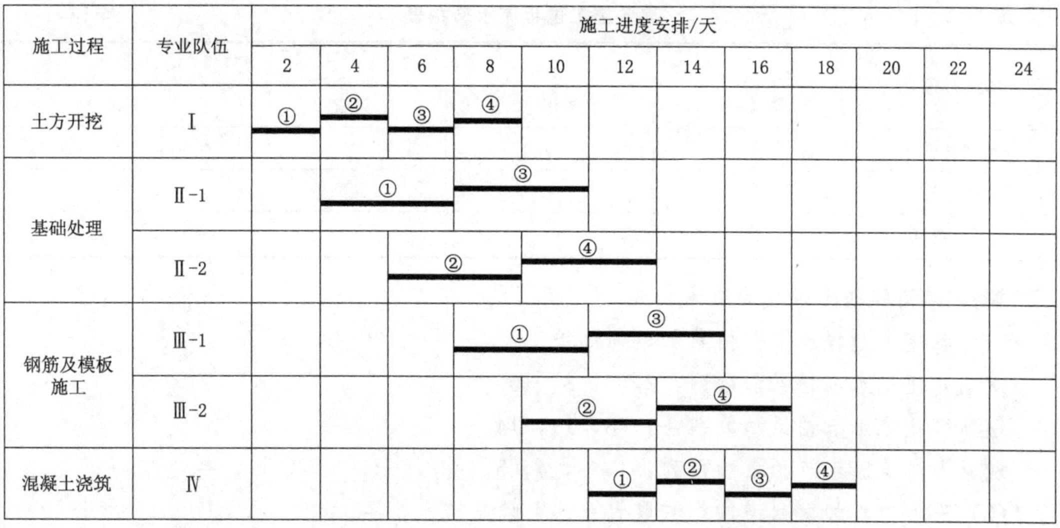

施工过程	专业队伍	施工进度安排/天										
		2	4	6	8	10	12	14	16	18	20	22	24
土方开挖	Ⅰ	①	②	③	④								
基础处理	Ⅱ-1				①		③						
	Ⅱ-2					②		④					
钢筋及模板施工	Ⅲ-1						①		③				
	Ⅲ-2							②		④			
混凝土浇筑	Ⅳ							①	②	③	④		

图 2-1-5 某泵站工程下游翼墙施工进度计划（成倍节拍流水施工）

（四）非节奏流水施工

在工程实践中，通常每个施工过程在各施工段上的工程量各不相同，或各专业工作队的生产效率相差较大，导致多数流水节拍彼此不相等，从而难以组织固定节拍、异步距异节奏、成倍节拍的流水施工，可组织非节奏流水施工。非节奏流水施工的特点如下：

（1）各施工过程的流水节拍不全相等。

（2）相邻施工过程的流水步距不尽相等。

（3）专业工作队数等于施工过程数。

（4）各专业工作队能够在施工段上连续施工，但有的施工段之间可能有空闲时间。

（5）组织非节奏流水施工是使相邻专业工作队在开始时间上能够最大限度地进行搭接，通常采用累加数列错位相减取大差法计算相邻专业工作队之间的流水步距。

累加数列错位相减取大差法的基本步骤如下：

1）依次累加每一施工过程在各施工段上的流水节拍，求得各施工过程流水节拍的累加数列。

2）将相邻施工过程流水节拍累加数列中的后者错后一位，相减后求得一个差数列。

3）在差数列中取最大值，即为相邻两个施工过程的流水步距。

（6）流水施工工期按式（2-1-4）计算。

$$T=\sum K+\sum t_n \qquad (2-1-4)$$

式中 $\sum K$——各专业工作队（或施工过程）之间的流水步距之和；

$\sum t_n$——最后一个专业工作队（或施工过程）在各施工段上的流水节拍之和。

【例 2-1-4】 假定某水闸工程上游翼墙划分为基础条件均不相同的 4 段,工程分解为基础处理、钢筋绑扎、混凝土浇筑 3 个施工过程,各施工过程流水节拍见表 2-1-1,采用非节奏流水施工的施工进度计划如图 2-1-6 所示。

表 2-1-1　　　　　　　　某各施工过程流水节拍表　　　　　　　　单位:天

施工过程	施工段			
	翼墙①	翼墙②	翼墙③	翼墙④
基础处理	2	3	3	2
钢筋绑扎	4	4	3	3
混凝土浇筑	1	2	1	1

解: 1. 相邻施工过程的流水步距

(1) 各施工过程流水节拍累加数列如下。

基础处理流水节拍累加数列:2,5,8,10。

钢筋绑扎流水节拍累加数列:4,8,11,14。

混凝土浇筑流水节拍累加数列:1,3,4,5。

(2) 采用"累加数列错位相减取大差法"确定流水步距。

$$
\begin{array}{r}
2,5,8,10 \\
-)\quad 4,8,11,14 \\
\hline
\end{array}
$$
$$K_{1,2} = \max\{2, 1, 0, -1, -14\} = 2$$

$$
\begin{array}{r}
4,8,11,14 \\
-)\quad 1,3,4,5 \\
\hline
\end{array}
$$
$$K_{2,3} = \max\{4, 7, 8, 10, -5\} = 10$$

2. 流水施工工期

$$T = \sum K + \sum t_n = (2+10) + (1+2+1+1) = 17 (\text{天})$$

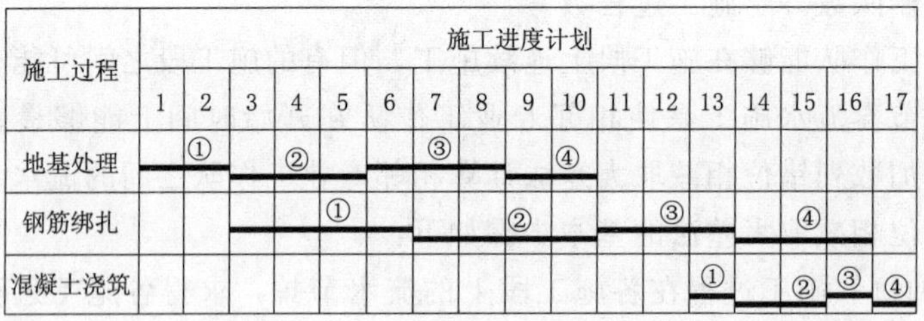

施工过程	施工进度计划																
	1	2	3	4	5	6	7	8	9	10	11	12	13	14	15	16	17
地基处理	①		②			③			④								
钢筋绑扎					①				②			③			④		
混凝土浇筑													①		②	③	④

图 2-1-6　某水闸工程上游翼墙施工进度计划(非节奏流水施工)

第二节　工作分解结构

在施工进度计划编制及控制中,工程项目划分(或分解)是施工进度计划编制、检查调整以及施工组织、工程验收等的基础性工作。本节依据《项目工作分解结构》(GB/T

39903—2021），并结合水利工程建设具体实际，从工作分解结构的基本概念、特点和应用、创建和控制等三个方面进行介绍。

一、工作分解结构的基本概念

（一）工作分解结构的含义

工作分解是为完成项目（或项目群）目标而对项目范围内全部工作进行的分解。工作分解结构提供逻辑性的框架，以分解项目（或项目群）范围所定义的全部工作。

工作分解结构按表现形式可分为图形式、大纲式、表格式等，按导向类型可分为产品（含功能、服务）导向型、可交付成果导向型、结果导向型等。

层次结构的工作分解的每个下层结构都是对上层工作更为详细地定义。

建设工程的工作分解结构为层次结构，属于可交付成果导向型。工作分解结构还可按项目（或项目群）的阶段、专业进行分解。完整的项目（或项目群）的工作范围可包括项目（或项目群）的管理层或执行团队成员、分包商和其他利益相关方须完成的工作。

（二）层次化分解

工作分解结构基于工作单元进行层次化分解，分解至能够对项目工作进行有效计划和管理，以实现项目（或项目群）目标的层级。

层次化分解要覆盖项目（或项目群）范围内所有工作。当一个工作单元被分解为多个子单元时，由次层单元定义的工作集合要100%体现母单元中的工作。单元间的母子规则体现了工作分解结构层次结构间的关联关系，即：工作分解结构中的一个单元可以既是多个子单元的母单元，也是及其上层单元的子单元。

在一个项目群中，项目和其他相关工作可采用类似的方式进行分解。项目群位于工作分解结构的顶层。层次化工作分解结构内在逻辑关系也要遵循母子规则。每个项目、项目群（或项目群下）的工作单元均可单独编制工作分解结构，既可体现为独立的工作分解结构，也可体现为相关联的项目群工作分解结构的一部分。

某些项目（或项目群）可能没有固定的范围，因此工作分解结构可不包含未知或未明确的范围。由于此类项目的范围是随项目推进逐步明确的，可采用渐进明细、滚动更新计划等方式完善工作分解结构。在这种情况下，工作分解结构应体现创建工作分解结构时已知工作的全部范围。考虑到在项目（或项目群）寿命周期内会发生范围变更，所有的范围变更也要在工作分解结构中得到体现，同时维持工作分解结构相邻层级单元间的逻辑性以及母子关系。

（三）母子关系

基于项目（或项目群）的类型及所编制的工作分解结构，母子关系有多种创建方式。因项目范围的表述方式多种多样，工作分解结构的结构形式可采取多种方案。以下列举部分母子关系形式。

（1）子单元属于母单元。这种关系可体现项目（或项目群）的实体（或概念）输出、产品（或结果）的最小单元。如堤防工程的子单元包括堤基处理、堤身填筑、护底及护坡。

（2）子单元属于母单元的某一属性。该属性可基于时间、阶段、关系、地域、优先级或专业进行定义。如土石坝填筑的子单元包括铺料、整平、压实。

（3）子单元是母单元描述的相同状态的一部分。如水闸混凝土浇筑描述了工程量，其子单元闸墩混凝土浇筑描述也有工程量。

（4）子单元是为完成母单元所需的产品（或服务）。此类产品（或服务）可包括工具、先决性的产品（或服务），或采购、合同、设计、施工、调试、项目（或项目群）管理所需文件。

（5）子单元是母单元的子目标。此类子单元可指项目（或项目群）目标、项目运行模式的转变或组织机构变更带来的影响。

上述工作分解结构母子关系可结合起来使用，以便将项目（或项目群）范围整体分解至所要创建的工作分解结构中。

（四）渐进明细

渐进明细的方式适用于项目具体范围未知、未明确或可能发生变化的情况。通过持续补充细化可使工作分解结构更加准确，并强化工作分解结构在项目（或项目群）管理中的应用。采用渐进明细的方式对工作分解结构的更新可能是一次性的，也可能是单次多维度的或持续不断的。滚动更新计划就是一种基于时间轴的渐进明细形式。

在水利建设工程中，因工程变更、施工条件变化等因素，工作分解结构可采用渐进明细方式得到进一步完善。

二、工作分解结构的特点和应用

（一）工作分解结构的特点

工作分解结构与其所属项目（或项目群）的范围有关。工作分解结构的典型特点如下：

（1）工作分解结构可以体现为多种形式，最常见的有图形式、大纲式和列表式。

（2）工作分解结构所有单元并非都需要分解到相同层级，而是分解到管理项目（或项目群）工作所需的层级。

（3）每个工作分解结构单元可分派给个人、实体或职能单位负责。

（4）工作分解结构要体现项目技术复杂程度、项目规模和确定项目工作范围所必需的其他信息。

（5）工作分解结构定义的是工作的结构，而非完成工作的过程。

（6）工作分解结构可采用"百分百原则"对工作单元进行层次化分解，直至开展计划和管理工作所需层级，以满足项目（或项目群）目标。

（7）构成工作范围的工作分解结构单元可参考行业标准、组织程序、合同条款等要求进行划分。

（8）工作分解结构上的每个单元应由唯一识别码加以区分。

"百分百原则"是指只要工作分解结构中还存在一对相互关联的母子单元，就可继续对工作进一步分解。每个母单元可能没有子单元，或至少有两个子单元。

工作分解结构要集中体现项目（或项目群）团队和利益相关方的需求。工作分解结构是项目（或项目群）管理团队为完成工作共同协商确定的。工作分解结构的变更也要由项目（或项目群）管理团队、相关执行团队和成员以及利益相关方共同审查。例如，某水利枢纽工程的工作分解结构如图2-2-1所示。

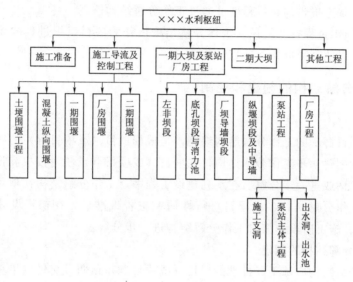

图2-2-1 某水利枢纽工程的工作分解结构（交付成果导向型、图形式）

（二）工作分解结构的应用

工作分解结构的应用至少包括以下10个方面。

（1）项目（或项目群）进度计划编制与执行。进度计划可向利益相关方清晰地展示预期交付的内容、计划交付时间、已识别出的可交付成果所需的资源。工作分解结构要对工作进行逻辑性分解，以便识别这些工作单元。在工作执行阶段，工作分解结构要为项目（或项目群）的计划、执行、控制、管理、沟通和监督提供同一框架。

（2）责任分配矩阵，可通过组织分解结构和工作分解结构的整合进行创建。整合后产生的信息可包括：待完成和待交付工作，待完成重要工作单元、工作分解结构单元执行和交付的责任人或责任组织以及角色定义，如总监理工程师、监理工程师及其职责。

（3）工作分解结构单元进度计划，提供完成单个工作单元预期的人力等资源投入及工期。

（4）成本估算。应用工作分解结构预估完成每个工作分解结构单元的所需成本。

（5）风险分解结构。风险管控与工作分解结构整合，有助于风险减轻策略的制定。

（6）资源分配。通过工作分解结构单元与职能分解结构（或组织分解结构）的整合，实现资源配置的有效性和经济性。

（7）信息管理系统。应用工作分解结构进行架构设计，以便收集成本、进度和技术范围数据。信息管理系统采集的数据体现项目（或项目群）工作的完成情况。信息管理系统的规划反映工作分解结构单元和其他分解结构明细。根据项目报告以及利益相关方使用（或接收报告）的要求，信息管理系统对工作分解结构提供逐层汇总的详尽信息。

（8）范围控制。记录项目（或项目群）范围变更，使用技术状态管理方法能够进行基线变更的控制及工作分解结构的维护。

（9）项目（或项目群）状态报告。用工作分解结构单元作为报告结构单元。每份项目（或项目群）状态报告的详尽程度可通过工作分解结构体现。

（10）项目组织过程资产复用。工作分解结构可作为项目组织过程的无形资产，为新项目提供模板，以便其吸取先前项目经验。

三、工作分解结构的创建和控制

（一）概述

项目（或项目群）的工作分解结构编制，是根据项目（或项目群）的实际情况，在项目的论证阶段就创建初步工作分解结构，在项目（或项目群）获得授权和批准启动后，可对其进行重新评估或进一步分解。在水利建设工程中，工作分解结构在项目可行性研究阶段创建初步的工作分解结构，在项目可行性研究报告批准后，在初步设计阶段、准备阶段（含招投标）、施工阶段都需对工作分解结构进一步分解。

（二）工作分解结构的创建

编制工作分解结构应基于经批准的项目（或项目群）预期可交付成果（或收益）的相关要求。在高成本、高风险、高关注度或者涉及多个利益相关方的情况下，部分工作单元相较于其他工作单元可定义到更低层级。

1. 工作分解结构的创建方法

工作分解结构的创建应结合适用的组织程序进行，工作分解结构的创建方法如下。

（1）自上而下法：首先明确最终的可交付成果，然后将工作分解结构单元逐步划分成详细的、易于管理的单元。

（2）自下而上法：首先明确范围的所有单元，然后将这些单元进行层次化的合并、归类、排序。

（3）自上而下法与自下而上法结合使用。

初次制定的工作分解结构的详略程度可以不同。在使用渐进明细的方式时，可待组织对工作分解结构审查以核实每一个单元所体现的内容是否足够详细。

若之前已开展过相似工作，先前的工作分解结构有助于识别新项目或新项目群的工作范围。

2. 工作分解结构的创建原则

（1）下一层次是对上一层次百分百分解，应没有遗漏、没有重复，并保持项目的完整性。

（2）分解后的工作应该是可管理的、可定量检查的、可分配任务的、独立的。

（3）每项工作应有明确的工作内容和责任者，各项工作之间的界面应清晰。

（4）工作分解应有利于项目实施和管理，便于考核评价。

3. 项目（或项目群）工作分解结构单元的描述

工作分解结构单元可作为项目（或项目群）的控制点，并通过一个或多个活动或作业进行描述。详略得当的项目（或项目群）控制点及描述可达到下列目的：

(1) 明确进度计划中的活动。

(2) 明确一个可交付成果只对应一个工作分解结构单元，以消除范围的重叠。

(3) 识别责任人及其直属上级。

(4) 识别与工作分解结构单元相关的各方人员，有利于相互沟通。

(5) 划分工作分解结构单元，将工作分配给项目（或项目群）团队，有利于明确最终责任与实施管控。

4. 工作分解结构词典的内容和作用

(1) 工作分解结构词典的内容。

工作分解结构词典是对工作分解结构中的每个单元进行描述。词典与工作分解结构可作为两份文件同时存在，也可整合为一份文件。每个工作分解结构单元的信息可有较为详细的描述。描述的具体内容可根据工作分解结构的需要确定，一般工作分解结构单元信息可包括以下内容：

1) 工作描述。

2) 责任组织。

3) 单一责任人。

4) 可交付成果的开始、结束日期及时间表。

5) 执行单元相关工作所需资源。

6) 唯一识别码。

7) 定义及技术参考资料。

8) 关键可交付成果清单。

9) 风险评估。

10) 绩效测量方法及完成标准。

11) 单元成本。

12) 与其他工作分解结构单元或工作分解结构单元组合的从属关系。

(2) 工作分解结构词典的作用。

工作分解结构词典与工作分解结构共同作为每个工作分解结构单元活动清单编制的基础。编制并使用工作分解结构词典的作用主要包含以下内容：

1) 向项目（或项目群）管理及执行团队提供足够详细的信息，有利于团队完成每个工作分解结构单元中的可交付成果。

2) 对范围作更为详细的说明。

3) 单元的说明可概括性地描述技术指标，可避免工作分解结构单元的歧义与误读。

4) 促进与项目（或项目群）管理层级利益相关方的沟通。

工作分解结构词典在日常使用时也可采用类似的名词表示，如说明书。例如某水利枢纽工程工作分解结构及说明书（部分）见表 2-2-1。

表 2-2-1　　　　　某水利枢纽工程工作分解结构及说明书（部分）

编码	工作名称	工作描述
01	施工准备	生产生活营地、辅企、施工临时道路以及风水电布置等工作
02	施工导流及控制工程	施工导流分左右两期进行施工，另外厂房泵站则采用全年厂房围堰围护施工
0201	土埝围堰工程	土埝围堰堰高411~412.3m，枯水期5年一遇度汛标准，采用塑性混凝土防渗墙进行防渗，主要用于围护施工前期纵向围堰及一期上下游围堰
0202	混凝土纵向围堰	混凝土纵向围堰高程428.3m，主要为碾压混凝土，主要用于搭接左右岸一二期围堰
0203	一期围堰	一期上下游围堰堰高425m，全年10年一遇度汛标准，土石围堰，上下游围堰搭接于纵向围堰，采用复合土工膜进行防渗，主要用于围护左岸一期基坑大坝施工
0204	厂房围堰	厂房上游围堰为碾压混凝土结构，堰高429.8m，厂房下游围堰为土石围堰，堰高420.6m，厂房围堰为全年10年一遇度汛标准，下游围堰搭接于厂坝导墙，采用复合土工膜防渗，主要用于围护施工厂房泵站及左非坝段
0205	二期围堰	二期上游围堰堰高428.5m，下游围堰堰高413.3m，枯水期10年一遇度汛标准，土石围堰，上下游围堰均搭接于混凝土纵向围堰，采用下部塑性混凝土防渗墙、上部复合土工膜进行防渗，主要用于围护二期基坑大坝施工
03	一期大坝及泵站厂房工程	
0301	左非坝段	左非坝段与泵站、厂房同处于厂房围堰范围内，左非坝段计划与泵站混凝土同步向上浇筑
0302	底孔坝段与消力池	底孔坝段为大坝二期施工时的河水过流通道，必须在一期浇筑至顶并完成排沙底孔弧形工作闸门及固定卷扬机安装，以满足底孔过流条件
0303	厂坝导墙坝段	厂坝导墙坝段与厂房上下游围堰相接，用于围护泵站、厂房及左非坝段施工
0304	纵堰坝段及中导墙	纵堰坝段及中导墙作为左岸一期围堰的组成部分，在纵向围堰浇筑时安排工期3.5个月，于2019年5月31日同步浇筑至428.3m高程
0305	泵站工程	
030501	施工支洞	泵站工程共布置两条施工支洞，1号施工支洞全长97.18m，通往出水池，主要用于泵站出水管道上平洞及竖井施工；2号施工支洞全长224.16m，通往泵站出水管道下平洞，主要用于下平洞施工
030502	泵站主体工程	泵站工程412m以下大体积混凝土计划安排在一期基坑开挖完成后，即2019年9月1日进行，浇筑至泵站段电站引水压力钢管底部以下1m左右后开始进行压力钢管安装，安排3.5个月完成安装工程，其余部位继续进行混凝土浇筑，于2020年7月31日完成泵站412m以下大体积混凝土浇筑
030503	出水洞、出水池	出水洞下平洞钢衬需安排在泵站段出口压力钢管支管段及岔管段安装之后进行
0306	厂房工程	厂房工程计划在一期基坑开挖完成后，即2019年7月1日进行底板混凝土浇筑，浇筑完成后进行电站尾水肘管安装
04	二期大坝	二期大坝基坑计划在二期围堰填筑的同时进行二期基坑水位线以上开挖，二期基坑抽排水之后进行二期基坑水位线以下部位开挖，共安排约3.5个月时间完成开挖，跟进二期坝体混凝土浇筑
05	其他工程	包括弃渣场保护与滑坡治理工程

（三）工作分解结构的控制

对工作分解结构的维护要贯穿项目（或项目群）整个寿命周期，以确保其持续有效。同时也要对工作分解结构词典进行相应维护。此外，若以渐进明细的方式来跟踪项目（或项目群）范围变更，则要在工作分解结构中记录范围增加或删减的工作单元。

用于记录范围变更的文件类型要与项目（或项目群）范围变更管理使用的组织治理程序保持一致。同时要对所有范围变更进行验证和确认，再通过适应的文件控制体系，将范围变更与工作分解结构、工作分解结构词典进行整合。

第三节　施工组织设计

水利水电工程建设中，合理工期基于合理的施工组织设计。合理的施工组织设计需根据工程项目的特点、环境条件等具体情况，考虑目前能达到的施工能力、施工水平而定，且必须确保工程安全和施工质量，尽量避免相互干扰，保证各工序正常的施工条件及施工周期，达到合理的施工效率和经济效益。

一、施工组织设计的概念、分类和编制依据

（一）施工组织设计概念

施工组织设计是以施工项目为对象编制的，用以指导施工的技术、经济和管理的综合性文件，对整个项目的施工过程起统筹规划、重点控制的作用，是研究施工条件、选择施工方案、对工程施工全过程实施组织和管理的指导性文件。

施工组织设计按编制对象不同，可分为施工组织总设计和单项工程施工组织设计。

（1）施工组织总设计是针对整个水利水电枢纽工程编制的施工组织设计，相对比较宏观和粗略，对工程施工起指导作用，但可操作性较差。

（2）单项工程施工组织设计是以单项（单位）工程为对象编制的施工组织设计，编制对象具体，内容比较翔实，具有可实施性。

（二）不同阶段施工组织设计基本内容

1. 项目建议书阶段

项目建议书阶段编制的施工组织设计，重在分析建设方案施工条件、主要施工难点及可实现性，基本选定对外交通运输方案，初步选定施工导流方式和料场，初步确定主体工程主要施工方法和施工总布置及总工期；执行《水利水电工程项目建议书编制规程》（SL/T 617—2021）的有关规定，其深度应满足编制工程投资估算的要求。

2. 可行性研究阶段

可行性研究阶段编制的施工组织设计，根据施工条件从施工角度提出对工程可行性论证，选定对外交通运输方案、料场、施工导流方式及导流建筑物的布置，基本选定主体工程主要施工方法和施工总布置，提出控制性工期和分期实施意见，基本确定施工总工期；执行《水利水电工程可行性研究报告编制规程》（SL/T 618—2021）的有关规定，其深度

应满足编制工程投资估算的要求。

3. 初步设计阶段

初步设计阶段编制的施工组织设计,全面论证设计方案在施工技术上的可能性和经济上的合理性,优选设计方案,复核施工导流方式,确定导流建筑物结构设计、主要建筑物施工方法、施工总布置及总工期;提出建筑材料、劳动力、施工用电用水的需要数量及来源;执行《水利水电工程初步设计报告编制规程》(SL/T 619—2021) 的有关规定,其深度应满足编制工程设计概算的要求。

4. 招标投标阶段

招标投标阶段编制的施工组织设计,主要是详细分析施工条件,研究施工方案,提出质量、工期、施工布置等方面的要求,其深度应满足招标文件、最高投标限价编制的要求。

5. 施工阶段

施工单位根据施工合同、施工条件等,统筹考虑人力、资金、材料、机械和施工方法等五方面因素而制定的详细的施工方案和进度计划;主要包括施工方案、施工计划、施工组织机构、施工安全措施和施工质量控制等内容,其深度应满足指导具体工程建设项目翔实、可操作性、可实施性的要求。

(三) 施工组织设计编制原则和依据

1. 编制原则

施工组织设计的编制应遵循工程基本建设程序,并应符合下列原则:

(1) 符合施工合同或招标文件中有关工程进度、质量、安全、环境保护、造价等方面的要求。

(2) 积极开发、使用新技术和新工艺,推广应用新材料、新产品、新设备。

(3) 坚持科学的施工程序和合理的施工顺序,采用流水施工和网络计划等方法,科学配置资源,合理布置现场,实现均衡施工,达到合理的经济技术指标。

(4) 采取技术和管理措施,推广节能和绿色施工。

(5) 与质量、环境和职业健康安全三个管理体系有效结合。

2. 编制依据

施工组织设计应以下列内容作为编制依据:

(1) 与工程建设有关的法律、法规和文件。

(2) 国家现行有关标准和技术经济指标。

(3) 工程所在地区行政主管部门的批准文件,建设单位对施工的要求。

(4) 工程施工合同(或招标投标文件)。

(5) 工程设计文件。

(6) 工程施工范围内的现场条件,工程地质及水文地质、气象等自然条件。

(7) 与工程有关的资源供应情况。

(8) 施工企业的生产能力、机具设备状况、技术水平等。

二、施工组织设计基本内容

施工组织设计应包括编制依据、工程概况、总体施工部署、施工总进度计划、施工准备与资源配置计划、主要施工方案、施工总平面布置等基本内容。

(一) 工程概况

工程概况包括项目主要情况和项目主要施工条件等。

1. 项目主要情况

项目主要情况应包括下列内容：

(1) 项目名称、性质、地理位置和建设规模。

(2) 项目的建设、勘察、设计和监理等相关单位的情况。

(3) 项目设计概况，简要介绍项目的工程规模、工程内容、设计参数、主要工程量等。

(4) 项目承包范围及主要分包工程范围。

(5) 施工合同或招标文件对项目施工的重点要求。

(6) 其他应说明的情况。

2. 项目主要施工条件

项目主要施工条件应包括下列内容：

(1) 项目建设地点气象状况。简要介绍项目建设地点的气温、雨、雪、风和雷电等气象变化情况以及冬、雨期的期限和冬季土的冻结深度等情况。

(2) 项目施工区域地形和工程水文地质状况。简要介绍项目施工区域地形变化和绝对标高，地质构造、土的性质和类别、地基土的承载力，河流流量和水质、最高洪水和枯水期水位，地下水位的高低变化，含水层的厚度、流向、流量和水质等情况。

(3) 项目施工区域地上、地下管线及相邻的地上、地下建（构）筑物情况。

(4) 与项目施工有关的道路、河流等状况。

(5) 当地建筑材料、设备供应和交通运输等服务能力状况。

(6) 当地供电、供水、供热和通信能力状况。

(7) 其他与施工有关的主要因素。

(二) 总体施工部署

(1) 施工组织总设计应对项目总体施工作出下列宏观部署：

1) 确定项目施工总目标，包括进度、质量、安全、环境和成本目标。

2) 根据项目施工总目标的要求，确定项目分阶段（期）交付的计划。在保证工期的前提下，实行分期分批建设，既可使各具体项目迅速建成，尽早投入使用，又可在全局上实现施工的连续性和均衡性，降低工程成本。

3) 确定项目分阶段（期）施工的合理顺序及空间组织。

(2) 项目施工的重点和难点应进行简要分析。

(3) 施工总承包单位应明确项目管理组织机构形式，并宜采用框图的形式表示项目管理组织机构形式应根据施工项目的规模、复杂程度、专业特点、人员素质和地域范围确定。大中型项目宜设置矩阵式项目管理组织，远离企业管理层的大中型项目宜设置事业部式项目管理组织，小型项目宜设置直线职能式项目管理组织。

（4）对于项目施工中开发和使用的新技术、新工艺应作出部署。根据现有的施工技术水平和管理水平，对项目施工中开发和使用的新技术、新工艺应作出规划并采取可行的技术、管理措施来满足工期和质量等要求。

（5）对主要分包项目施工单位的资质和能力应提出明确要求。

（三）施工总进度计划

（1）施工总进度是从工程建设的施工准备起到竣工为止的整个施工期内，所有单项工程建设的施工程序、施工速度及技术供应等相互关系，通过综合协调平衡后体现出总体规划的工期与强度指标。施工总进度是其他专业进度的指南，各专业进度需服从于施工总进度的要求，反过来施工总进度需根据各专业进度的情况进行调整。

（2）施工总进度计划应按照项目总体施工部署的安排进行编制。施工总进度计划应依据施工合同、工程特点、工程规模、技术难度、施工进度目标、施工条件、有关技术经济资料，并按照总体施工部署确定的施工顺序和空间组织等进行编制。

（3）施工总进度可按下列步骤进行编制：明确施工导流方案、导流程序和主体工程施工程序；编制单项工程进度；确立各单项工程间的逻辑关系，明确关键线路；调整平衡资源配置；确定工程总工期；编制工程总进度图（表）；编写施工总进度报告等。

（4）施工总进度计划应包括阶段目标如年度进度目标（大型工程、复杂工程）及关键性控制节点进度目标等。

（5）施工总进度计划可采用网络图或横道图表示，并附必要说明。

（四）施工准备与资源配置计划

1. 总体施工准备

总体施工准备应包括技术准备、现场准备和资金准备等。

技术准备、现场准备和资金准备应满足项目分阶段（期）施工的需要。技术准备包括施工过程所需技术资料的准备、施工方案编制计划、试验检验及设备调试工作计划等；现场准备包括现场生产、生活等临时设施，如临时生产、生活用房、临时道路、材料堆放场、临时用水、用电和供热、供气等的计划；资金准备应根据施工总进度计划编制资金使用计划。

2. 主要资源配置计划

主要资源配置计划应包括劳动力配置计划和物资配置计划等。

劳动力配置计划应按照各工程项目工程量，并根据施工总进度计划，参照概（预）算定额或者有关资料确定。目前施工企业在管理体制上已普遍实行管理层和劳务作业层的两层分离，合理的劳动力配置计划可减少劳务作业人员不必要的进、退场或避免窝工状态，进而节约施工成本。物资配置计划应根据总体施工部署和施工总进度计划确定主要物资的计划总量及进、退场时间。物资配置计划是组织建筑工程施工所需各种物资进、退场的依据，科学合理的物资配置计划既可保证工程建设的顺利进行，又可降低工程成本。

（五）主要施工方案

制定主要工程项目施工方案的目的是进行技术和资源的准备工作，同时也为了施工进程的顺利开展和现场的合理布置。对施工方案的确定要兼顾技术工艺的先进性和可操作性以及经济上的合理性。

(1) 施工组织总设计应对项目涉及的单位工程和主要分部工程所采用的施工方案进行简要说明。

(2) 对脚手架工程、起重吊装工程、临时用水用电工程、季节性施工等专项工程所采用的施工方案应进行简要说明。

(六) 施工总平面布置

(1) 施工总平面布置应符合下列原则：

1) 平面布置科学合理，施工场地占用面积少。

2) 合理组织运输，减少二次搬运。

3) 施工区域的划分和场地的临时占用应符合总体施工部署和施工流程的要求，减少相互干扰。

4) 充分利用既有建（构）筑物和既有设施为项目施工服务，降低临时设施的建造费用。

5) 临时设施应方便生产和生活，办公区、生活区和生产区宜分离设置。

6) 符合节能、环保、安全和消防等要求。

7) 遵守当地主管部门和建设单位关于施工现场安全文明施工的相关规定。

(2) 施工总平面布置图应符合下列要求：施工总平面布置应按照项目分期（分批）施工计划进行布置，并绘制总平面置图。有些特殊的内容，如现场临时用总电、临时用水布置等，当总平面布置图不能清晰表示时，也可单独绘制平面布置图。平面布置图绘制应有比例关系，各种临设应标注外围尺寸，并应配有文字说明。

1) 根据项目总体施工部署，绘制现场不同施工阶段（期）的总平面布置图。

2) 施工总平面布置图的绘制应符合国家相关标准要求并附必要说明。

3) 施工总平面布置图应包括：项目施工用地范围内的地形状况；全部拟建的建（构）筑物和其他基础设施的位置；项目施工用地范围内的加工设施、运输设施、存贮设施、供电设施、供水供热设施、排水排污设施、临时施工道路和办公、生活用房等；施工现场必备的安全、消防、保卫和环境保护等设施；相邻的地上、地下既有建（构）筑物及相关环境。现场所有设施、用房应由总平面布置图表述，避免采用文字叙述的方式。

三、专业工程施工组织

工程建设工期应根据工程特点、工程规模、技术难度、施工组织管理水平和施工机械化程度确定。专业工程施工组织根据其专业不同可分为施工临时工程、施工导流工程、土石方明挖工程、地基及基础工程、土石方填筑工程、混凝土工程、地下工程、金属结构及机电安装等。

(一) 施工临时工程

1. 施工临时工程内容

根据《水利水电工程标准施工招标文件技术标准和要求（合同技术条款）（2009 年

版)》，临时工程项目包括：现场施工测量、现场试验、施工交通、施工供电、施工供水、施工供风、施工照明、施工通信、邮政服务、砂石料料物开采加工系统、混凝土生产系统、机械修配厂、加工厂、仓库、存料场、弃料场以及施工现场办公和生活建筑设施等。

2. 施工临时工程设计文件

在临时工程施工前，承包人编制的各项施工临时设施设计文件包括如下内容：

(1) 施工临时设施布置图。

(2) 施工工艺流程和（或）施工程序说明。

(3) 安全和环境保护措施。

(4) 施工期运行管理方式。

3. 施工临时工程进度安排考虑的因素

对外交通工程中的道路、隧洞和桥梁等，以及地下工程施工交通通道（如地下厂房工程的通风洞）需提早明确。为了加快施工进度，保证主体工程顺利开工，建议在施工筹建期或准备期内建设。

场内交通主干线需尽可能提前与对外交通等筹建工程同期施工，场内其他公路与所服务的主体工程协调施工，以便节约前期筹建和准备时间。

砂石系统、混凝土生产及预冷（热）系统投入正常运行的建设时间，应根据主体工程施工进度确定；场地平整、施工供电系统、施工供水系统、施工供风系统、场内通信系统、施工工厂设施、生活和生产房屋等准备工程建设应与主体工程施工进度协调安排，宜创造条件在施工准备阶段提前建设。

(二) 施工导流工程

合理安排导流工程进度关系着工程建设的总工期，对其中关键性控制节点，如开工、截流、下闸、蓄水等日期的确定要有充分论证，同时能否满足主体工程工期要求是选择导流方案的因素之一，因此导流工程和施工进度安排相辅相成。

1. 施工导流工程内容

施工导流工程包括施工导流挡水和泄水建筑物、截流、度汛、基坑排水、排冰、通航、下闸及封堵和施工期下游供水的工程项目及其工作内容。

2. 施工导流工程施工措施计划

根据《水利水电工程标准招标文件技术标准和要求（合同技术条款）（2009年版)》，承包人应在施工导流建筑物开工前编制的导流工程施工措施计划包括如下内容：

(1) 截流试验报告和截流施工措施方案。

(2) 基坑排水措施。

(3) 防洪和安全度汛措施。

(4) 下闸封堵措施。

(5) 导流工程施工进度计划。

(6) 监理人要求其他补充措施计划。

3. 施工导流工程进度安排考虑的因素

参考《水利水电工程施工组织设计规范》（SL 303—2017），导流工程施工进度安排可从以下九个方面进行考虑。

(1) 一次拦断河床施工导流工程宜安排在施工准备期内进行，施工导流工程为控制工期的关键项目，提早开工有利于缩短工程施工工期，且为后续工作提供有利条件。

(2) 分期导流的一期导流工程宜安排在施工准备期内进行，一期围堰拆除进度应与后续围堰施工相协调。

(3) 河道截流宜安排在枯水期或汛后期进行，不宜安排在封冻期和流冰期，截流时间应根据围堰施工时段和安全度汛要求，所选时段根据各月或旬平均流量分析确定。

(4) 围堰工程施工受洪水制约，其上升速度需满足设计挡水时段的要求，一个枯水期建议达到设计要求的面貌，使其能安全运用和度汛。围堰工程应在非汛期内达到设计要求的面貌。

(5) 采用过水围堰导流方案时，应分析围堰过水期限及过水前后对工期的影响，在多泥沙河流上应考虑围堰过水后清淤所需工期。

(6) 基坑初期排水应在围堰水下防渗设施完成之后进行。

(7) 挡水建筑物施工期临时度汛时段应根据施工进度安排确定，度汛时段前挡水建筑物满足设计度汛洪水标准要求的施工面貌应通过论证确定。

(8) 导流泄水建筑物封堵时段宜选在汛后，封堵时间应根据河流水文特性、施工难度、水库蓄水及下游供水要求等因素综合分析确定。

(9) 大型水利水电工程的工程量大、工期长，为尽早发挥效益，国内已建的许多大型工程均在施工期间开始蓄水。

(三) 土石方明挖工程

在水利水电工程施工中，土石方明挖主要是指按照建筑物设计体形、范围和对周边及建基面的要求进行的露天开挖，是水利水电工程的先行工序，不仅直接影响后续工序的进行，而且事关工程整体的进度、质量、安全及运行的稳定性。

1. 土石方明挖工程内容

土方明挖工程包括施工图纸所示的永久和临时工程建筑物的基础、边坡、土料场和砂石料场、石料场及其覆盖层等的明挖工程。

石方明挖工程包括坝(堰)基、溢洪道、进水隧洞进出口(含施工支洞)、引水(导流)明渠、地面厂房、地面变电站、施工临时道路、施工辅助设施和石料场开采的施工。

2. 土石方明挖工程施工措施计划

根据《水利水电工程标准招标文件技术标准和要求(合同技术条款)(2009年版)》，承包人应在土石方明挖工程开工前编制土石方明挖工程的施工措施计划。

土方明挖工程的施工措施计划应包括以下内容。

(1) 开挖施工平面布置图(含施工交通线路布置图)。

(2) 开挖程序与开挖方法。

(3) 施工设备的配置和劳动力安排。

(4) 开挖边坡的排水和边坡保护措施。

(5) 土料利用和弃渣措施。

(6) 质量与安全保证措施。

(7) 主要开挖工程施工进度计划等。

石方明挖工程的施工措施计划应包括以下内容。

(1) 施工开挖布置图。

(2) 钻孔和爆破的方法和程序。

(3) 施工设备配置和劳动力安排。

(4) 出渣、弃渣和石料的利用措施。

(5) 边坡的保护加固和排水措施。

(6) 质量与安全保护措施。

3. 土石方明挖工程进度安排考虑的因素

参考《水利水电工程施工组织设计规范》(SL 303—2017)，土石方明挖工程施工进度安排可从以下九个方面考虑。

(1) 土石方开挖一般自上而下分层进行，分层厚度经综合研究确定。

(2) 石方明挖施工工期应根据开挖规模、岩体强度、施工方法、施工机械及出渣道路布置等确定。

(3) 坝基、河床式厂房地基等的岸坡开挖，可安排与导流工程平行施工，宜在河道截流前完成。河床基础开挖可安排在围堰闭气和基坑排水后进行。

(4) 利用工程开挖料填筑坝体或加工骨料时，开挖施工进度宜与其需求相协调，提高直接利用率。

(5) 土料开采强度和工期应根据开采规模、开挖方法、施工机械、施工临时道路、水文地质条件等因素确定。

(6) 砂砾石料场开采进度应根据地形、地质条件、枢纽布置、导流方式、施工条件和施工总进度要求等综合确定。

(7) 石料开采的工期计算时需分析工程所处的地形、地质条件、施工工作面布置、施工方法和施工设备的资源配置等，并包括覆盖层清理、不良地质及不稳定边坡处理等特殊施工措施的影响工期。

(8) 用于加工骨料的石料开采施工工期，应根据骨料的粒径与级配、开挖规模、岩体性质、施工方法、施工设备数量及性能、道路与骨料使用强度等情况确定。

(9) 土石方明挖的施工程序。土方明挖，虽然大部分可就近用作填筑或弃土，但因施工工序、工期安排、设计等原因，仍有部分土方需要在工段范围内进行调运。土方调运宜使用挖掘机配合自卸汽车进行。需要调运的土方，由挖掘机开挖并装车，用自卸汽车运送至弃土位置或填筑施工段。土方明挖施工工序流程如图 2-3-1 如所示。

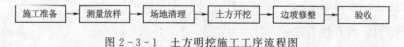

图 2-3-1 土方明挖施工工序流程图

水利工程中，大量的石方明挖一般采用钻爆法施工。对于开挖（爆破）方案，需设计并进行现场试验后方能确定。石方明挖工程钻爆法施工工序流程如图 2-3-2 所示。

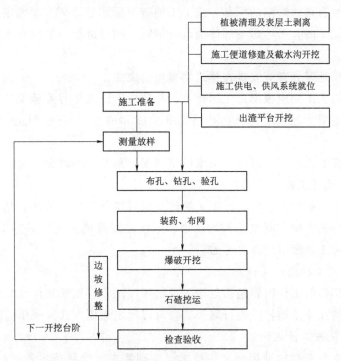

图 2-3-2 石方明挖工程钻爆法施工工序流程图

(四) 地基及基础工程

地基及基础工程进度应根据地质条件、处理方案、施工程序、施工水平、设备生产能力和总进度要求等因素研究确定。地质条件复杂、技术要求高、对总工期起控制作用的地基处理，应分析论证其对施工总进度的影响，合理安排工期。

1. 地基及基础工程内容

地基及基础工程包括施工图纸所示的永久和临时工程建筑物的地基及基础工程。

2. 地基及基础工程施工措施计划

根据《水利水电工程标准招标文件技术标准和要求（合同技术条款）（2009年版）》，以振冲地基施工措施计划为例，在振冲地基施工开工前，承包人编制的施工措施计划包括以下内容。

(1) 振冲桩位及施工场地布置图。

(2) 充填材料级配试验和试桩措施。

(3) 主要机械设备选择。

(4) 振冲施工工艺及制桩参数。

(5) 质量检验，以及安全和环境保护措施。

(6) 施工进度计划。

3. 地基及基础工程进度安排考虑的因素

参考《水利水电工程施工组织设计规范》(SL 303—2017)，地基处理工程施工进度安排可从以下四个方面考虑：

（1）两岸岸坡有地质缺陷的坝基，施工工期应根据地基处理方案确定，当处理部位在坝基范围以外或地下时，可考虑与坝体浇筑（填筑）同时进行，并应在水库蓄水前按设计要求处理完毕。

（2）不良地质地基处理宜安排在建筑物覆盖前完成。

（3）防渗墙施工工期应根据总工期要求，经分析论证或工程经验类比确定。混凝土防渗墙的施工程序主要为施工准备→造孔→终孔验收和清孔换浆→混凝土浇筑→全墙质量验收。

（4）地基加固处理的施工进度应根据地基情况、地基处理方案等确定。

（五）土石方填筑工程

土石方填筑工程是对土、砂、石等天然建筑材料进行复核、开采、运输、铺料、压实的工程，与施工导流、安全度汛、料场规划、运输路线及填筑强度等施工内容密切相关，安排土石方填筑施工进度时应综合考虑。

1. 土石方填筑工程内容及特点

土石方填筑工程的工作内容包括运输、现场碾压试验、填筑和排水和护坡设施等。

土石方填筑料在铺填前，应进行碾压试验，以确定碾压方式及碾压控制参数。

2. 土石方填筑施工措施计划

根据《水利水电工程标准招标文件技术标准和要求（合同技术条款）（2009年版）》，在土石方填筑工程开工前，承包人编制的土石方填筑施工措施计划应包括以下内容。

（1）坝（堤防、堰）体填筑分期、料物分区图。

（2）土石方填筑程序和方法。

（3）料场复查报告、各种填料加工的工艺和料物供应。

（4）土石方平衡计划。

（5）施工设备、设施配置。

（6）质量控制和安全保证措施。

（7）施工进度计划。

（8）监理人要求提交的其他文件和资料。

3. 土石方填筑工程进度安排考虑因素

根据《堤防工程施工规范》（SL 260—2014），以堤防施工为例介绍土石方填筑工程的进度计划安排。

堤防工程中的土石方填筑通常处于工程施工的关键线路上，其施工进度必须遵循施工总进度计划的安排，确保工程如期完成。土石方填筑工程施工进度安排可从以下五个方面考虑。

（1）施工所在地的水文地质和气象条件。

土石方填筑多为露天施工，与自然条件关系极为密切。堤防的导流标准、度汛方式以及有效作业时间等方面，要充分考虑水文、地质、气象等的不确定性。

土石方填筑尽可能充分利用枯水期、低水位时期施工。土石方填筑应给可能遇到的断层、破碎带或软弱地基等基础处理留有一定富余时间。

(2) 施工导流与安全度汛。

堤防的土石方填筑工程量相对较大，施工期间一般要跨越一个或多个汛期，施工导流与安全度汛贯穿土石方填筑的全过程。

堤防一般不采取过水度汛方案。在选择施工导流方式时，应考虑工程所在地的地形、地质条件、河道水文特性、土石坝和堤防结构特点、施工程序和进度要求。每年汛前在安排分期填筑时，施工程序要与施工导流方案相适应，并应在每年汛前必须填筑到设计拦洪高程以上的工程形象面貌，以满足安全度汛要求。

(3) 料场规划与运输路线。

料场距离、道路运输路线，以及料场储量、土料含水率和料场开采利用的难易程度，对土石方填筑的施工进度有着重要影响。

天然料场规划基本原则包括：一是宜由近至远、先集中后分散，尽量做到就近取料、高料高用、低料低用；二是避免或减少料场开采对工程施工的干扰；三是要避开可能发生崩塌、滑坡、泥石流等地质灾害及其影响的地段；四是要充分利用工程开挖料，不占或少占耕地、林地；五是要有一定的备用料区；六是要避免因料场开采引发的环境地质问题。

料场至坝（堤）上的运输路线应根据地形条件、建筑物布置、工程量大小、填筑强度等因素科学规划、统筹布置场内施工道路。运输路线宜自成体系，且尽量与永久道路相结合，支线道路可设置循环式的单车道，地形狭窄地段可设置直进式的双车道，并不断优化运输网络，保证运输路线循环畅通、经济合理。

(4) 填筑强度的均衡性。

土石方填筑工程一般按流水作业组织施工。填筑时，应对主要机械使用量、作业人数等指标进行平衡调整，使其填筑强度与料场出料能力、运输能力及坝（堤）面面积、碾压设备能力相协调，保证各施工月填筑强度具有一定的均衡性。

土石坝填筑强度应满足总工期以及各阶段或历年度汛的工程形象要求。各期填筑强度宜均衡，月高峰填筑量与填筑总量比例相协调。坝面填筑强度应与料场合格料的出料能力、运输能力及坝面面积、碾压设备能力相协调。

堤防填筑可分期分段施工，平衡填筑强度，保证施工进度，满足度汛要求。

(5) 结合部位处理。

结合部位处理的好坏将显著影响工程的安全、功能和进度，施工过程中应优先安排刚性建筑物等部位的施工，待强度满足要求后再组织结合部位的施工。否则，将严重影响施工进度、质量和安全。

4. 土石方填筑施工进度计划参数的确定

土石方填筑施工进度计划参数的确定是否合理，将影响工程进度计划的合理性。进度计划编制应充分考虑工作天数、填筑强度、度汛高程与形象面貌要求，以及土石方填筑施工期的月不均衡系数等参数影响。

(1) 工作天数。

土石方填筑施工月有效工作天数，按各月的日历天数扣除因雨停工和其他原因（如负温、汛期等）停工的天数，一般可按 20~25 天计。同时，也要考虑工程规模、不同地区冬雨季的影响。

(2) 土石方填筑强度的确定。

土石方填筑强度与料场开采能力、道路运输能力息息相关，其中运输路线的标准和填筑强度的关系尤为重要。填筑强度要经过数次综合分析并反复验证后才能确定，要进行料场开采、运输强度的复核，还要根据工程总工期，坝（堤）的施工分期，施工场地布置，上坝（堤）道路、挖、填平衡和技术供应等方面的统筹协调。

（六）混凝土工程

混凝土工程施工与工程导流度汛、混凝土生产系统、运输浇筑能力及混凝土温控等工程项目有密切关系，安排混凝土施工进度时应综合考虑。

1. 混凝土工程施工内容

混凝土施工内容包括：混凝土生产（包括混凝土材料、配合比设计、混凝土拌制及混凝土的取样和检验等），管路和预埋件施工，止水、伸缩缝和坝体排水施工，混凝土运输、浇筑以及温度控制和混凝土养护等。

2. 混凝土浇筑施工措施计划

根据《水利水电工程标准招标文件技术标准和要求（合同技术条款）（2009年版）》，混凝土工程开工前，承包人编制的混凝土浇筑施工措施计划包括以下内容。

(1) 混凝土浇筑所需的砂石料场（仓）、拌和厂、混凝土运输和浇筑设备、温度控制设施，以及混凝土试验等的布置、设备配置计划及其施工安装措施。

(2) 各种混凝土配合比设计与室内混凝土试验计划。

(3) 混凝土生产、运输、浇筑等的施工工艺和方法。

(4) 现场工艺试验的措施计划。

(5) 混凝土温度控制的专项技术措施。

(6) 施工质量控制措施及其质量检查和检验方法等。

3. 混凝土工程进度考虑因素

混凝土工程通常分为普通混凝土、碾压混凝土和沥青混凝土等。由于各类型混凝土的施工工艺、技术要求存在较大差异，以下结合《水利水电工程施工组织设计规范》（SL 303—2017），仅对普通混凝土工程的进度安排考虑因素从以下三个方面予以介绍。

(1) 施工流程。

根据《水利水电工程单元工程施工质量验收评定标准——混凝土工程》（SL 632—2012），普通混凝土单元工程施工划分为基础面或施工缝处理、模板安装、钢筋制作与安装、预埋件（止水、伸缩缝等）制作与安装、混凝土浇筑（含养护、脱模）、外观质量检查6个工序。

(2) 混凝土工程施工时间。

参考《水利水电工程施工组织设计规范》（SL 303—2017），在安排混凝土施工进度时，应分析有效工作天数，大型工程经论证后若需加快浇筑进度，可考虑在冬季、雨季、夏季采取确保施工质量的措施后施工。混凝土浇筑的月工作日数可按25天计。对控制直线工期的工作日数，宜将气象因素影响的停工天数从设计日历数中扣除。

(3) 普通混凝土施工工艺。

按照《水工混凝土施工规范》(SL 677—2014)，混凝土施工前，混凝土运输设备和浇筑设备应与运输条件、混凝土级配、拌和能力、运输能力、浇筑强度、混凝土温度控制要求、仓面具体情况等相适应。设备资源优化配置是保证混凝土施工质量和速度的重要因素，因此，混凝土拌和、运输、浇筑强度三者之间应配套，充分发挥整个施工机械设备系统的效率。

(七) 地下工程

地下工程施工进度应统筹兼顾开挖、支护、浇筑、灌浆、金属结构、机电安装等工序。考虑到地下厂房布置往往形成一组洞室群，地下厂房布置深受工程地质与水文地质以及建筑物布置的影响，其施工干扰性较大，如不事先加以统一考虑，则会影响工程进度。所以，要实现按计划施工，需做好施工程序设计，提出有效的技术措施。

1. 地下工程内容

参考《水利水电工程施工组织设计规范》(SL 303—2017)，水利水电工程地下建筑物包括：引水隧洞、尾水隧洞、导流洞、泄洪洞、放空洞、排沙洞、调压井、地下主副厂房、主变压器室、尾闸室、交通洞、通风洞（井）、出线洞（井）、排水洞和施工支洞等。

地下工程施工主要工序为：开挖，出渣，安全处理或临时支护，浇筑混凝土衬砌或锚喷混凝土衬砌，灌浆及附属工作，金属结构及机电安装等。施工程序和洞室、工序间衔接和合理工期应根据工程项目规模、地质条件、施工方法及设备配套，采用关键线路法确定。

2. 地下工程施工措施计划

根据《水利水电工程标准施工招标文件技术标准和要求（合同技术条款）（2009年版）》，以地下工程开挖为例，承包人在地下工程开挖前编制的施工措施计划包括以下内容。

(1) 地下工程开挖施工布置和开挖程序图。

(2) 施工辅助洞布置图、开挖、支护及封堵图。

(3) 开挖设备和辅助设施的配置。

(4) 钻孔爆破方法与控制超挖措施。

(5) 主要建筑物开挖分层分块划分及施工程序说明。

(6) 爆破试验计划。

(7) 地质缺陷部位处理措施。

(8) 出渣、弃渣以及渣料利用措施。

(9) 洞口保护和围岩稳定的支护措施以及塌方处理措施。

(10) 通风和散烟、除尘及空气监测安全措施。

(11) 照明设施。

(12) 排水措施。

(13) 通信、信号和报警设施。

(14) 施工进度计划、材料供应计划及劳动力安排。

(15) 安全保证措施。

(16) 施工期围岩稳定监测措施。

3. 地下工程施工进度安排考虑的因素

地下工程施工进度安排可从以下三个方面考虑：

(1) 工程地质和水文地质条件。

地下洞室围岩的完整性、坚固性、含水性和透水性是影响围岩稳定的四大因素。同时，围岩岩体的风化速度快慢、岩石强度和围岩应力高低，也将严重影响洞室围岩的稳定性。

地下工程施工组织设计和施工计划安排是否合理，首先取决于掌握围岩特征（围岩分类）的准确程度。因此，地下工程建设地区的工程地质和水文地质条件是否掌握和了解，洞室围岩分类是否符合实际，地下水是否发育丰富，是影响地下洞室围岩稳定、施工安全和施工进度的首要因素。

(2) 施工程序和施工方法。

地下工程要实现快速施工，确保按期完工，需要做好施工程序设计，采取有效的技术措施，确定合理的施工方法。

1) 施工程序。

a. 水工隧洞工程在安排施工进度时，应根据它们在施工期的运用要求确定完工日期。

b. 地下洞室群中的主厂房、主变压器室及尾水闸门室多数呈平行布置，且距离较近。为控制并降低每个洞室开挖对周围岩体稳定的影响，加快施工进度，施工前应采取 BIM 设计和数字孪生技术进行仿真分析，创造有利条件组织立体平行流水作业，形成"立体多层次、平面多工序"的施工程序。

c. 水工隧洞特别是长隧洞施工，往往对整个工程的施工总进度起控制作用，需布置施工支洞，增加进入主洞的工作面。施工支洞的数量和位置直接影响施工工期和工程造价，因此施工支洞设置必须根据隧洞长度、地下建筑物的布置和工程量、总进度、地形地质条件、施工方法、施工道路布置及机械化作业程度等因素，通过技术经济比较后确定。

2) 施工方法。

a. 钻爆法开挖。钻爆法开挖分为全断面开挖和台阶法分部开挖两类施工方法，现场应根据隧洞地质条件、断面尺寸及施工设备情况而定。

b. 掘进机开挖。掘进机开挖是依靠机械强大的推力和剪切力而破碎岩石，同时使开挖、出渣连续作业和衬砌、灌浆平行作业，从而达到高速掘进的目的。

(3) 通风防尘与供电供排水。

1) 通风防尘。

地下洞室开挖施工过程中，应足够重视通风、防尘、防有害气体及防噪声工作，一般要采用湿式液压凿岩、喷雾洒水、机械通风、隔音装置及个人防护等综合措施加以防范。对于含有瓦斯等有害气体的地下工程，更需编制专门的防治措施和日常检测公示制度，以免影响施工人员身体健康、施工安全和施工进度。

2) 供电供排水。

变压器容量、位置及送电线路要根据工程需要和满足安全送电要求确定，且必须采用绝缘好、有防漏电功能的电器材料供电，以免影响施工进度和施工安全。

地下洞室施工用水的供水量应根据施工、消防和生活用水的要求确定，并结合施工总体布置合理选择水池位置、高程和结构形式。以改善施工环境，保证施工进度和施工安全。

4. 地下工程进度计划参数的确定

地下工程进度计划参数确定的是否合理，将影响到该项工程进度计划的合理性。应根据地质条件、施工方法、施工设备性能、工作面和交通条件等情况，经分析计算或工程类比确定地下工程进度计划参数。对于关键线路上的主要洞室，还应进行循环作业进尺分析确定。

（1）钻爆法开挖进度参数。

钻爆法开挖作业循环进尺参数的确定因素较多，可按循环作业时间进行分析和工程类比确定。钻爆法开挖循环作业时间应包含施工准备、测量放样、钻孔、起爆、通风散烟、清理危石、出渣运输、初期支护等各工序作业时间，其中主要工序参数是钻孔深度。根据综合装渣、钻孔、初期支护的循环作业时间确定开挖作业循环进尺。

（2）地下厂房进度参数。

常规水电站和抽水蓄能电站等大型、特大型地下厂房洞室群中，主厂房跨度大、边墙高、开挖量集中，出渣和运送混凝土均较为困难，技术复杂，是控制总工期的关键因素。与主厂房相连的洞室布置重重叠叠，各洞室平、斜、竖相贯，形成复杂的地下系统工程，施工干扰较大。地下厂房洞室群在施工前期通风散烟较困难。因此，应先分析主厂房的上、下游边墙大小不同洞室的布置特性，研究利用已有水工孔洞作为通风和施工通道的可能性，以及增设施工支洞的必要性，以增加工作面，加快施工进度。

一般情况下，地下厂房本体分为三部分进行施工，即顶部、中部和下部。因此在安排施工进度时，应同时考虑排风洞（或支洞）、交通洞、尾水洞和其他洞室的进度，使整个地下厂房洞室群既能平行作业，又能互相配合。

地下厂房的开挖进尺参数，还应在保证围岩稳定、方便施工、发挥施工设备能力和满足工期要求的前提下综合确定。

（3）掘进机开挖进度参数。

掘进机开挖进尺参数，可根据单位进尺、每天掘进时间和每月掘进天数，以及地质条件、掘进机的类型和工程类比分析确定。

（4）初期支护时机。

隧洞内同一地段初期支护与开挖作业间隔时间、施工顺序及支护跟进方式，应根据围岩条件、断面形式和尺寸、爆破参数、支护类型及围岩自稳时间等因素确定，应在围岩出现有害松弛变形之前支护完成。

稳定性差的围岩，初期支护应紧跟开挖作业面实施，或爆破后立即支护拱顶，必要时还应采取超前支护措施。

初期支护应能适应永久性衬砌的要求，并尽可能使初期支护结构作为永久性衬砌的一部分。

（5）混凝土衬砌进度参数。

隧洞混凝土衬砌进度安排应根据地质条件、隧洞长度、断面大小及工期要求等因素确定。

1) 围岩裂隙发育、岩石破碎、需及时衬砌的隧洞，中间会穿插混凝土衬砌工序；隧洞断面小，开挖与混凝土衬砌有严重干扰时，只能在开挖结束后进行混凝土衬砌；隧洞洞宽及洞高较大，需分部施工的隧洞，可采用分块衬砌的施工方法；长隧洞，顺序作业不能满足工期要求时，则开挖未结束就需进行混凝土衬砌。

2) 隧洞混凝土衬砌工期受施工条件、衬砌施工工艺、混凝土生产及运输能力等制约，可按每衬砌浇筑段循环作业时间分析和工程类比确定隧洞混凝土衬砌浇筑施工进度参数控制指标。

3) 地下厂房混凝土浇筑分一、二期混凝土，其施工进度宜通过浇筑分层、排块安排或工程类比分析确定。

(6) 隧洞混凝土衬砌段灌浆进度参数。

隧洞混凝土衬砌段灌浆一般按先回填灌浆、后固结灌浆、再进行接触灌浆的施工顺序进行。回填灌浆需在衬砌混凝土达到设计强度的70%后进行；固结灌浆宜在该部位回填灌浆结束7天后进行；接触灌浆需在衬砌混凝土浇筑结束60天后进行。

(八) 金属结构及机电安装

参考《水利水电工程施工组织设计规范》(SL 303—2017)，控制金属结构及机电安装进度的土建工程交付安装的时间应逐项确定。其与混凝土浇筑、土石方填筑及建筑物装饰装修等工作之间、自身工序之间存在着大量的交叉、平行、流水作业，且工艺技术复杂、工序繁多。因此，在安排金属结构及机电安装工程施工进度计划时，应综合分析研究土建和金属结构及机电安装的衔接配合关系，合理安排各道工序。

机电安装进度安排需协调与土建工程施工的交叉衔接，处于关键线路上的金属结构及机电安装工程进度应在施工总进度中逐项确定。控制机电安装进度的土建工程交付安装的时间；尾水管安装、座环安装、蜗壳安装等安装场地具备安装条件的时间。

金属结构及机电安装主要工程内容包括压力钢管、各种类型的钢（铸铁）闸门、拦污栅和启闭机等金属结构设备的安装，以及水轮发电机组、水泵机组等机电设备的安装。由于涉及种类繁多，主要以平面钢闸门及其埋件安装、螺杆启闭机、水轮发电机组安装和机组启动试运行为例，介绍金属结构及机电安装工程的进度计划安排。

1. 金属结构及机电安装内容

金属结构设备的安装施工整体部署受制于土建工程何时具备安装条件、投入使用时间要求等因素。水利工程中，钢闸门和拦污栅常需与启闭机配合工作，因此，闸门、拦污栅与启闭机可能会在同一个作业空间进行安装。

(1) 平面钢闸门安装。平面钢闸门安装主要包括埋件安装、钢闸门安装和启闭机安装。依据《水利水电工程单元工程施工质量验收评定标准——水工金属结构安装工程》(SL 635—2012)，钢闸门埋件安装包括底槛、主轨、侧轨、反轨、止水板、门楣、护角、胸墙等安装和埋件表面防腐蚀等检验项目；钢闸门门体安装包括正向支承装置安装、反向支承装置安装、门体焊缝焊接、门体表面防腐蚀、止水橡皮安装、闸门试验和试运行等项目。

1) 埋件安装。平面闸门埋件是指埋设在混凝土内的门槽固定构件。一般埋设在二期混凝土中（一期混凝土浇筑时，应在相应位置埋设固定上述埋件的插筋）。埋件就位调整后，应用加固钢筋或调整螺栓，将其与预埋螺栓或插筋焊牢，以防浇筑二期混凝土时发生移位。二期混凝土拆模后，应进行复测，同时清除遗留的钢筋头等杂物，并将埋件表面清理干净。

2）钢闸门安装。钢闸门安装主要包括正向支承装置安装、反向支承装置安装、门体焊缝焊接、门体表面防腐蚀、止水橡皮安装、闸门试验和试运行等检验项目。

3）螺杆启闭机安装。螺杆启闭机适用于行程较短的平面闸门或弧形闸门，特别在关门的各项阻力大于闸门自重时，可利用螺杆加压使之关闭。螺杆启闭机安装主要包括基座纵、横向中心线与闸门吊耳的起吊中心线之差等项目。

（2）水轮发电机组安装。水轮发电机组安装不仅涉及本项目各工序和工作面的综合安排与协调，而且还涉及设备供货商供货质量与进度，以及土建施工进度与交付安装工作面的总额安排与协调。电站机组之间的安装施工顺序对整体装机进度有着重要影响，从而影响电站的发电效益。水轮机按结构主要分为混流式、轴流转桨式、斜流式、灯泡贯流式、冲击式和水泵/水轮机等形式。

（3）机组启动试运行。水轮发电机组和成套设备启动及试运行是水电站基本建设工程启动试运行和交接验收的重要部分，是检查电站水工结构机电设备设计、制造、安装质量的重要环节。它是以水轮发电机组启动试运行为中心，对机组引水、输水、尾水建筑物和金属结构、机电设备进行全面的考验，验证水工建筑物和金属结构、机电设备的设计、制造、施工质量是否符合设计要求，对机电设备进行调整和整定，使其达到稳定安全、经济运行的目的。

2. 安装措施计划

根据《水利水电工程标准施工招标文件技术标准和要求（合同技术条款）（2009年版）》，以钢闸门及启闭机安装为例，承包人在钢闸门及启闭机安装前编制的工程安装措施计划的内容包括：

（1）安装场地及主要临时建筑设施布置及说明。

（2）设备运输和吊装方案。

（3）闸门和启闭机的安装方法和质量控制措施。

（4）闸门和启闭机的试验和试运转工作大纲。

（5）安装进度计划。

（6）监理人要求提交的其他资料。

3. 金属结构及机电安装进度安排考虑的因素

金属结构及机电安装进度安排可从以下三个方面考虑：

（1）自然环境条件。金属结构及机电安装工程受自然环境条件的影响较大，部分工程在施工中可能受到洪水的威胁，有些项目则受到地质条件的影响或安装条件的限制，且处于水下和隐蔽的安装工程较多，多数设备又多在复杂的水力、机械、电气等条件下运行。

因此，在安装前必须根据施工总进度计划和总平面布置图，妥善地研究安装进度和安装方案，制定合理的施工组织设计。即首先宜安排工期最长、工程量最大、技术难度最高和占用劳动力最多的主导安装工序，并优先安排易受季节影响的安装工程，尽量避开季节因素对安装施工的影响。

（2）协调与土建工程衔接配合。闸门、拦污栅及启闭机安装进度，应根据与土建工程施工的交叉衔接，逐项确定控制安装进度的土建工程交付安装时间。机电安装进度安排需协调与土建工程施工的交叉衔接，控制机电安装进度的土建工程交付安装的时间。

（3）加快安装进度的主要途径和措施。机电设备和金属结构件一般具有尺寸大、重量重的特点。大部分设备需要在现场组装调试，重、大件的起重运输方案涉及设计制造、土建施工和交通道路等有关方面。因此，加快安装进度的措施与方法同设计、制造方案紧密相关。

4. 金属结构及机电安装施工进度计划参数的确定

金属结构及机电安装施工进度计划应充分考虑关键线路上的金属结构及机电安装施工与土建工程的衔接，并需对其工期分析留有适当余地。

（1）水轮发电机组安装工期参数。水轮发电机组安装工期是指从安装尾水管里衬（或水轮机埋件）至机组第一次试运转的工期。机组安装一般常同厂房土建工程平行施工。在厂房浇筑上部混凝土时，即可在厂外进行机组拼装，待厂房封顶并形成安装间后，开始安装桥式起重机；桥式起重机形成后，在安装间内先进行组装，而后正式吊装机组部件，机组安装和二期混凝土浇筑平行穿插进行。

（2）机组启动试运行工期参数。机组启动试运行进度应根据电站的具体设计与高压配电装置的规模综合考虑，计算机监控系统内容较繁杂，应创造条件尽量提前进行，在全面具备机组启动条件时，最好完成此项内容。

第三章 网络计划技术及进度动态分析

工程网络计划技术是工程网络计划的编制、计算、应用等全过程的理论、方法和实践活动的总称。工程网络计划技术既是一种科学的计划方法，同时也是一种科学动态控制方法。工程网络计划在建设工程施工进度管理中主要采用肯定型网络计划。本章主要介绍网络计划技术基础知识、网络计划优化、进度动态分析方法三个方面内容。

第一节 网络计划技术基础知识

本节主要介绍双（单）代号网络图的组成和绘制、网络计划时间参数的计算、双代号时标网络计划、搭接网络计划和时限的网络计划等工程网络计划的基础知识。

一、双（单）代号网络图的组成

（一）双（单）代号网络图的表示

工程网络计划中的网络图是由箭线和节点组成的，用来表示工作流程的有向的、有序网状图形。网络图按照表示方法可分为双代号网络图和单代号网络图。

双代号网络图是以箭线及其两端节点的编号表示工作的网络图，工作名称标注在箭线的上方，工作名称可用代码或编码表示，完成本项工作所需的持续时间标注在箭线的下方，如图 3-1-1 所示。在无时间坐标的网络图中，箭线的长度与工作持续时间无关。

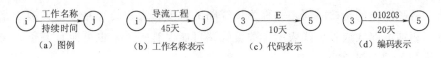

图 3-1-1 双代号网络图工作表示示例

单代号网络图是以节点及该节点的编号表示工作，以箭线表示工作之间逻辑关系的网络图，单代号网络图工作表示图例如图 3-1-2 所示。

（二）工作

工作是计划任务按需要粗细程度划分的消耗时间或资源的一个子项目或子任务。在双代号网络图中，用实箭线表示的工作都消耗时间，其中一类是既消耗时间又消耗资源的工作。如土石方开挖，既需要一定的时间才能完成，还需要有人力、挖掘及运输设备等资源投入。另一类是仅消耗时间但不消耗资源的工作。一般

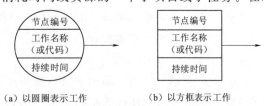

图 3-1-2 单代号网络图工作表示图例

是由于技术或组织原因引起的停歇或等待，如混凝土的养护。

在单代号网络图中，用带编号的节点表示占消耗时间的工作。

在建设工程中，工作的划分是根据进度计划的对象及用途来确定。例如，一项工作可以是一道工序、一个单元工程、一个分部工程、一个单位工程、一个单项工程等。

在双代号网络图中，节点表示一项工作的开始或完成时刻，用带编号的圆圈表示。箭尾节点表示这项工作的开始，箭头节点表示这项工作的完成。一项工作也可以用箭线及两端的节点表示，如图3-1-1（c）中的工作 E 可以表示为工作③→⑤。

双代号网络图中的第一个节点称为起点节点，它表示一项计划的开始，如图3-1-3（a）的节点 i；最后一个节点称为终点节点，它表示一项计划的完成，如图3-1-3（b）中的节点 j；其他节点称为中间节点，如图3-1-3（c）的节点 k。

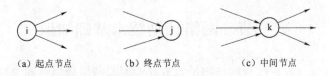

(a) 起点节点　　　　(b) 终点节点　　　　(c) 中间节点

图 3-1-3　双代号网络图节点类型示意图

双代号网络图中间节点具"瞬间"的特性，表示以某节点为完成节点的所有工作的结束，同时也表示以该节点为开始节点的所有工作可以开始。人们常用中间节点这个特性，将某些重要或关键的工作的开始或完成时间作为控制施工进程的重要关键节点。

如图3-1-2所示，在单代号网络图中，一个节点表示一项工作，节点用带圆圈（或方框）的编号表示。单代号网络的起点节点和终点节点与双代号网络图具有同样的特性。

（三）线路

线路是指网络图中从起点节点开始，沿箭线方向连续通过一系列箭线（含虚箭线）与节点，最后到达终点节点所经过的通路。

线路上各项工作的持续时间之和称为该线路的长度。最长的线路称为关键线路，在网络图上宜用粗线、双线或彩色线表示。关键线路可能仅有一条，也可能有多条。关键线路上的工作称为关键工作。

（四）逻辑关系

网络图中相邻工作之间相互依赖或相互制约的关系称为逻辑关系，逻辑关系分为工艺关系和组织关系。

(1) 工艺关系。生产性工作之间由工艺过程决定的，非生产性工作之间由工作程序决定的先后顺序称为工艺关系。例如，土石坝填筑中，铺料、整平和压实之间的先后顺序关系属于生产性工艺关系。又如水利工程的法人验收中的分部工程验收、单位工程验收、水电站（泵站）中间机组启动验收、合同工程完工验收之间的先后顺序关系属于非生产性工艺关系。

(2) 组织关系。工作之间由于组织安排或资源（人力、材料、机械设备和资金等）调配需要而确定的先后顺序称为组织关系。例如，堤防工程划分为若干施工区段，这些施工区段的先后顺序属于组织关系。

为了清晰准确表述工作之间的逻辑关系，引入紧前工作和紧后工作的概念。紧前工作是指紧排在本工作之前的工作，如图3-1-4（a）中的工作A是工作B的紧前工作，图3-1-4（b）中的工作G是工作H的紧前工作；紧后工作是指紧排在本工作之后的工作，如图3-1-4（a）中的工作B是工作A的紧后工作，图3-1-4（b）中的工作H是工作G的紧后工作。

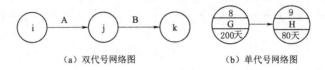

（a）双代号网络图　　　　（b）单代号网络图

图3-1-4　紧前工作和紧后工作的图例

网络图中每项工作的逻辑关系用紧前工作（或紧后工作）表示。例如，某河道整治工程由老堤加高培厚、新堤新建和河道疏浚等项目组成，项目分解后的工作之间逻辑关系见表3-1-1。

表3-1-1　　　　　某河道整治工程的工作之间逻辑关系表

工作名称	工作代码	紧前工作	工作持续时间/天
老堤堤基清理	A	—	10
老堤加高培厚	B	A	90
老堤护底护坡	C	B	70
老堤堤顶道路	D	C	80
新堤堤基清理	E	—	10
新堤堤基处理	F	E	50
新堤堤身填筑	G	F	200
新堤混凝土护坡	H	G	80
新堤堤顶道路	I	H	60
河道疏浚	J	—	100

根据表3-1-1绘制的某河整治工程的网络图如图3-1-5所示。

图3-1-5（a）中，有3条线路，分别为①→⑨，①→②→③→④→⑨，①→⑤→⑥→⑦→⑧→⑨，其线路的长度分别为100天、250天和400天，最长的线路即关键线路是①→⑤→⑥→⑦→⑧→⑨。

二、双（单）代号网络图的绘制

（一）双代号网络图的一般规定和绘图规则

（1）网络图应按已确定的逻辑关系绘制。网络图为有向性、有序性的网状图形，在建设工程中，有些工作之间存在工艺（或组织）上的先后顺序关系，用网络图的特性正确表示建设工程中的逻辑关系是编制网络计划的基础。

在双代号网络图中，有些逻辑关系仅有实箭线是不能正确表达的，因此引入了一类不

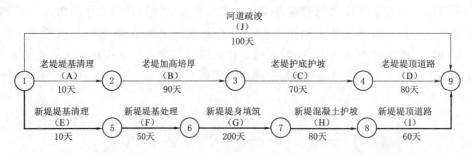

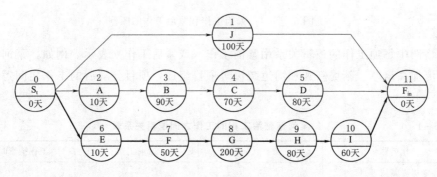

图 3-1-5 某河道整治工程的网络图

消耗时间也不消耗资源的虚工作,仅表示前后相邻工作之间的相互依赖和制约关系,用虚箭线表示。

虚工作在双代号网络图中具有连接、区分和断开的作用。

1) 连接作用。当一项工作有多项紧前工作,且其中一项(或多项)紧前工作的完成节点与本工作开始节点不是同一节点时,用虚箭线连接,表示两项工作之间的逻辑关系。例如,某项目的工作之间逻辑关系表及网络图表示方式见表 3-1-2。

表 3-1-2   某项目的工作之间逻辑关系表及网络图表示方式

工作	紧前工作	双代号网络图
A	—	
B	A	
C	A	节点③与节点④之间用虚箭线连接,表示工作 C 是工作 E 的紧前工作
E	B、C	
F	C	

2) 区分作用。当两项工作具有相同的紧前工作和紧后工作时,为避免两项工作开始节点和完成节点编码完全相同,增加一个节点,用虚箭线连接,以示区分,如图 3-1-6 所示。

3) 断开作用。当多项工作的开始节点相同,但某个工作的紧前工作不完全相同时,需增加节点及相应虚箭线断开紧前工作不相同的工作。例如,某项目的工作之间逻辑关系表及网络图表示方式见表3-1-3。

在表3-1-3中的双代号网络图（a）中，工作C1的紧前工作为工作B1和工作A2，工作C2的紧前工作为工作A3、工作B2和工作C1，这与确定的逻辑关系不符，若③与④、⑥与⑦之间没有虚箭线，则工作B2、工作C2紧前工作分别缺少了工作A2、工作B2。在表3-1-3双代号网络图（a）中增加节点⑤和节点⑧以及相应虚箭线，如表3-1-3双代号网络图（b）所示，断开了工作C1与工作A2、工作C2与工作A3之间的逻辑关系。

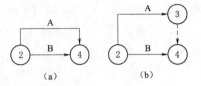

图3-1-6 紧前工作和紧后工作相同的工作表示示例

表3-1-3　　　某项目的工作之间逻辑关系表及网络图表示方式

工作	紧前工作	双代号网络图
A1	—	
A2	A1	
A3	A2	
B1	A1	
B2	A2、B1	
B3	A3、B2	
C1	B1	
C2	B2、C1	
C3	B3、C2	

（2）工作应以箭线表示。箭线应画成直线、折线和斜线，宜以水平直线为主。箭线水平投影方向应自左向右，表示工作进行的方向。

（3）节点应以带编号的圆圈表示。节点编号顺序应从左至右、从小到大，可不连续，但严禁重复。每条箭线的箭尾节点编号小于箭头节点的编号，每项工作应只有唯一的一条箭线和相对应的一对节点编号。

（4）网络图应只有一个起点节点；在不分期完成任务的网络图中，应只有一个终点节点。如图3-1-7（a）中的错误是出现了两个起点节点①和⑤，两个终点节点③和⑨，正

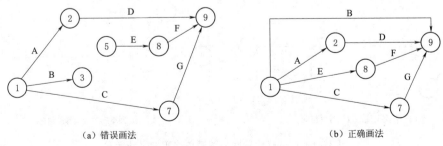

(a) 错误画法　　　　　　　　(b) 正确画法

图3-1-7 起点节点与终点节点画法示例

确的画法如图 3-1-7（b）所示。

（5）网络图中严禁出现从一个节点出发，顺着箭线方向又回到出发节点的循环回路。如图 3-1-8 中的错误是出现了②→④→③→②的循环回路。

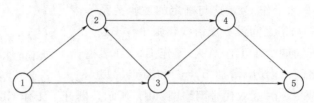

图 3-1-8　有循环回路错误的示例

（6）网络图中严禁出现没有箭尾节点和没有箭头节点的箭线。如图 3-1-9（a）中的错误是扎筋工作没有箭尾（开始）节点，正确的画法如图 3-1-9（b）所示。

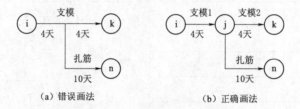

图 3-1-9　双代号网络图箭线画法的示例

（7）网络图中严禁出现带双向箭头或无箭头的连线。如图 3-1-10（a）中的错误是出现无箭头的连线，图 3-1-10（b）中的错误是出现双箭头的连线，图 3-1-10（c）是正确的画法。

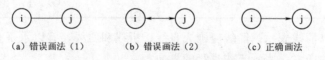

图 3-1-10　双代号网络图箭线画法的示例

（8）绘制网络图时应尽量避免箭线的交叉。如图 3-1-11（a）所示的网络图中出现了交叉线，可通过调整节点避免出现交叉线，如图 3-1-11（b）所示。当箭线交叉不可避免时，可采用过桥法、断线法和指向法处理，如图 3-1-12 所示。

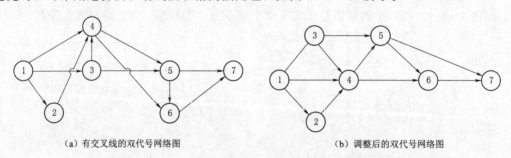

图 3-1-11　双代号网络图避免出现交叉线示例

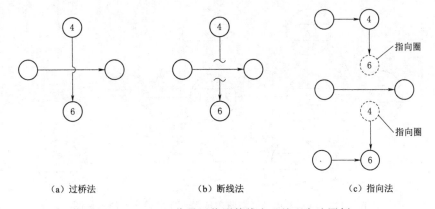

(a) 过桥法　　　　　(b) 断线法　　　　　(c) 指向法

图 3-1-12　双代号网络图箭线交叉处理方法图例

（9）当起点节点为多项工作的开始节点或终点节点为多项工作的完成节点时，对起点节点和终点节点可使用母线法绘图，如图 3-1-13 所示。

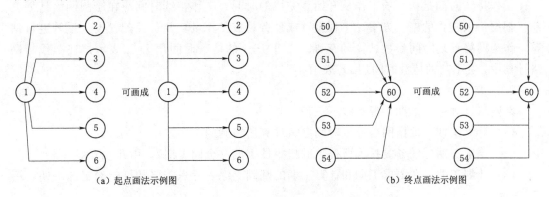

(a) 起点画法示例图　　　　　　　　　　　(b) 终点画法示例图

图 3-1-13　双代号网络图母线法图例

（二）单代号网络图的一般规定和绘图规则

单代号网络图的一般规定和绘图规则与双代号网络图一般规定和绘图规则基本相同。主要区别：当网络图中有多项起点节点工作或多项终点节点工作时，应在网络图的两端分别设置一个虚拟节点，虚拟起点节点一般用 St（或开始）表示工作名称，用数字 0 或小于所有起点工作编号的数字作为虚拟起点的编号，虚拟终点节点一般用 Fin（或完成）表示工作名称，用大于所有终点节点编号的数字作为虚拟终点的编号，St 和 Fin 的工作持续时间均为 0。用箭线将节点 St 分别与原多个起点节点相连接，用箭线将原多个终点节点与节点 Fin 相连接。如图 3-1-14 中的节点①为虚拟起点，节点⑨为虚拟终点。

三、网络计划时间参数的计算

在计算网络计划时间参数时，为了计算公式和计算过程表示简洁明了，对节点和箭线的表示进行简化，节点可不带圆圈，箭线可不带箭头，如双代号网络计划中的工作②→③表示为工作②—③，单代号网络计划中的工作⑤表示为工作 5。

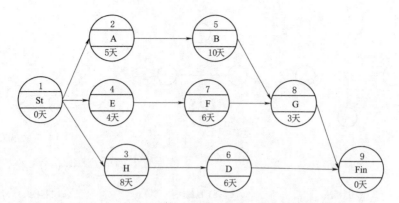

图 3-1-14 单代号网络图虚拟起点和虚拟终点的示例图

(一) 网络计划时间参数的概念

1. 工作持续时间

工作持续时间是指一项工作从开始到完成的时间。工作持续时间应在绘制网络计划之前，根据每项工作的施工方案、工程量（或任务量或工作量）及资源配置投入量等进行估算，作为网络计划时间参数计算的基础。工作 i—j 的持续时间用 D_{i-j} 表示；在单代号网络计划中，工作 i 的持续时间用 D_i 表示。

2. 工期

在网络计划中，工期一般有以下三种：

（1）计算工期：根据网络计划时间参数计算所得到的工期，用 T_c 表示。

（2）要求工期：任务委托人所提出的指令性工期（合同工期），用 T_r 表示。

（3）计划工期：在要求工期和计算工期的基础上综合考虑需要和可能确定的工期，用 T_p 表示。

当规定了要求工期时，计划工期不应超过要求工期，即 $T_p \leqslant T_r$；当未规定要求工期时，一般计划工期等于计算工期，即 $T_p = T_c$。

3. 工作的时间参数

除工作持续时间外，还有 6 个工作的时间参数分别是：最早开始时间、最早完成时间、最迟完成时间、最迟开始时间、总时差和自由时差。

（1）最早开始时间（ES）是指其所有紧前工作全部完成后，本工作有可能开始的最早时刻。

（2）最早完成时间（EF）是指其所有紧前工作全部完成后，本工作有可能完成的最早时刻。

（3）最迟完成时间（LF）是指在不影响整个任务按期完成的前提下，本工作最迟必须完成的时刻。

（4）最迟开始时间（LS）是指在不影响整个任务按期完成的前提下，本工作最迟必须开始的时刻。

（5）总时差（TF）是指在不影响工期的前提下，本工作可以利用的机动时间。

（6）自由时差（FF）是指在不影响其紧后工作最早开始的前提下，本工作可以利用的机动时间。

在双代号网络计划中，工作i—j的最早开始时间、最早完成时间、最迟完成时间、最迟开始时间、总时差和自由时差分别用 ES_{i-j}、EF_{i-j}、LF_{i-j}、LS_{i-j}、TF_{i-j} 和 FF_{i-j} 表示；在单代号网络计划中，工作i的最早开始时间、最早完成时间、最迟完成时间、最迟开始时间、总时差和自由时差分别用 ES_i、EF_i、LF_i、LS_i、TF_i 和 FF_i 表示。

4. 节点的时间参数

在双代号网络计划中有节点最早时间和节点最迟时间。

(1) 节点最早时间 (ET) 是指以该节点为开始节点的各项工作的最早开始时间。节点i的最早时间用 ET_i 表示。

(2) 节点最迟时间 (LT) 是指以该节点为完成节点的各项工作的最迟完成时间。节点j的最迟时间用 LT_j 表示。

5. 相邻两项工作之间的间隔时间

在单代号网络图中，相邻两项工作之间的间隔时间 (LAG) 是指本工作的最早完成时间与其紧后工作最早开始时间之间的差值。工作i与工作j之间的间隔时间用 $LAG_{i,j}$ 表示。

(二) 双代号网络计划时间参数的计算

双代号网络计划时间参数的计算方法包括按工作计算法、按节点计算法。

为了与数学坐标轴表示一致，网络计划时间参数的计算约定：工作的开始时间或完成时间，以时间单位的终了时刻为准。如无确定日期网络计划的起始工作从第0天开始，即从第0天末开始，实际上指的是在第1天上班时刻。例如，某工作的最早开始时间为第5天，则指的是第5天的下班时刻（通常可表示为第5天末），即为第6天的上班时刻。

1. 按工作计算法

按工作计算法，是以双代号网络计划中的工作为对象，计算各项工作的时间参数并标注在图上，时间参数标注如图3-1-15所示。

(1) 计算工作的最早开始时间及最早完成时间。工作的最早开始时间和最早完成时间应从网络计划的起点节点开始，顺着箭线方向按节点编号从小到大的顺序依次逐项工作计算。

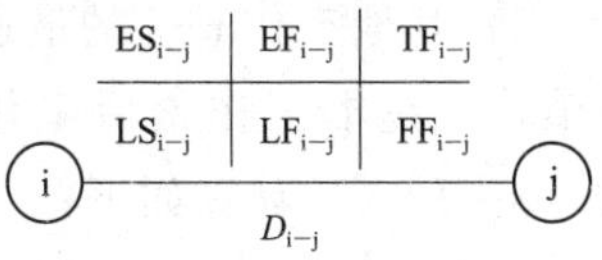

1) 当以起点节点i为箭尾节点的工作i—j最早时间无规定时，最早开始时间 (ES_{i-j}) 为0，应按式 (3-1-1) 计算如下：

$$ES_{i-j} = 0 \quad (3-1-1)$$

图3-1-15 双代号网络计划工作时间参数标注图

2) 工作i—j的最早完成时间 (EF_{i-j}) 是本工作的最早开始时间 (ES_{i-j}) 与其持续时间 (D_{i-j}) 之和，应按式 (3-1-2) 计算如下：

$$EF_{i-j} = ES_{i-j} + D_{i-j} \quad (3-1-2)$$

3) 其他工作i—j的最早时间 (ES_{i-j}) 是本工作所有紧前工作最早完成时间的最大值，或是本工作紧前工作最早开始时间与该紧前工作持续时间之和的最大值，应按式 (3-1-3) 计算如下：

$$ES_{i-j} = \max\{EF_{h-i}\} = \max\{ES_{h-i} + D_{h-i}\} \qquad (3-1-3)$$

式中 EF_{h-i}——工作 i—j 的紧前工作 h—i 的最早完成时间；

ES_{h-i}——工作 i—j 的紧前工作 h—i 的最早开始时间；

D_{h-i}——工作 i—j 的紧前工作 h—i 的持续时间。

（2）确定网络计划的计算工期。计算工期（T_c）是以终点节点 n 为完成节点的各项工作 i—n 的最早完成时间的最大值，应按式（3-1-4）计算如下：

$$T_c = \max\{EF_{i-n}\} \qquad (3-1-4)$$

式中 EF_{i-n}——以终点节点 n 为完成节点的各项工作 i—n 的最早完成时间。

（3）确定网络计划的计划工期。计划工期应按下列情况确定：

1) 当已规定了要求工期时，计划工期（T_p）不应超过要求工期（T_r），应按式（3-1-5）计算如下：

$$T_p \leqslant T_r \qquad (3-1-5)$$

2) 当未规定要求工期时，计划工期等于计算工期，应按式（3-1-6）计算如下：

$$T_p = T_c \qquad (3-1-6)$$

（4）计算工作的最迟完成时间和工作最迟开始时间。工作的最迟完成时间与最迟开始时间应从网络计划的终点节点开始，逆着箭线方向按节点编号从大到小的顺序依次逐项工作计算。

1) 以终点 n 为完成节点的工作 i—n 最迟完成时间（LF_{i-n}）为计划工期（T_p），应按式（3-1-7）计算如下：

$$LF_{i-n} = T_p \qquad (3-1-7)$$

2) 工作 i—j 最迟开始时间（LS_{i-j}）是本工作的最迟完成时间（LF_{i-j}）与其持续时间（D_{i-j}）之差，应按式（3-1-8）计算如下：

$$LS_{i-j} = LF_{i-j} - D_{i-j} \qquad (3-1-8)$$

3) 其他工作 i—j 的最迟完成时间（LF_{i-j}）是本工作所有紧后工作最迟开始时间的最小值，或是本工作紧后工作最迟完成时间与该紧后工作持续时间之差的最小值，应按式（3-1-9）计算如下：

$$LF_{i-j} = \min\{LS_{j-k}\} = \min\{LF_{j-k} - D_{j-k}\} \qquad (3-1-9)$$

式中 LS_{j-k}——工作 i—j 的紧后工作 j—k 的最迟开始时间；

LF_{j-k}——工作 i—j 的紧后工作 j—k 的最迟完成时间；

D_{j-k}——工作 i—j 的紧后工作 j—k 的持续时间。

（5）计算工作的总时差和自由时差。

1) 计算工作的总时差。工作 i—j 的工作总时差（TF_{i-j}）是本工作的最迟开始时间（LS_{i-j}）与其最早开始时间（ES_{i-j}）之差，或为本工作的最迟完成时间（LF_{i-j}）与其最早完成时间（EF_{i-j}）之差，应按式（3-1-10）计算如下：

$$TF_{i-j} = LS_{i-j} - ES_{i-j} = LF_{i-j} - EF_{i-j} \qquad (3-1-10)$$

2) 计算工作的自由时差。

a. 以终点节点 n 为完成节点工作 i—n 的自由时差（FF_{i-n}）是计划工期（T_p）与本工

作最早完成时间（EF_{i-n}）之差，应按式（3-1-11）计算如下：
$$FF_{i-n}=T_p-EF_{i-n} \qquad (3-1-11)$$

b. 其他工作 i—j 的自由时差（FF_{i-j}）是本工作所有紧后工作的最早开始时间的最小值与本工作最早完成时间（EF_{i-j}）之差，应按式（3-1-12）计算如下：
$$FF_{i-j}=\min\{ES_{j-k}\}-EF_{i-j} \qquad (3-1-12)$$

式中　ES_{j-k}——工作 i—j 的紧后工作 j—k 的最早开始时间。

（6）确定关键工作和关键线路。总时差最小的工作应为关键工作，当网络计划的计划工期等于计算工期时，总时差为 0 的工作就是关键工作。

【例 3-1-1】 双代号网络计划如图 3-1-16 所示，按工作计算法确定各工作时间参数，并指出关键工作及关键线路。

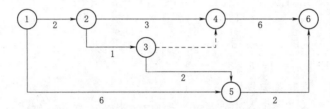

图 3-1-16　双代号网络计划示例（单位：天）

解：

（1）各项工作最早开始时间和最早完成时间。

$ES_{1-2}=0$　　　　　　　　　　　　　　$EF_{1-2}=ES_{1-2}+D_{1-2}=0+2=2$

$ES_{1-5}=0$　　　　　　　　　　　　　　$EF_{1-5}=ES_{1-5}+D_{1-5}=0+6=6$

$ES_{2-3}=EF_{1-2}=2$　　　　　　　　　　$EF_{2-3}=ES_{2-3}+D_{2-3}=2+1=3$

$ES_{2-4}=EF_{1-2}=2$　　　　　　　　　　$EF_{2-4}=ES_{2-4}+D_{2-4}=2+3=5$

$ES_{3-4}=EF_{2-3}=3$　　　　　　　　　　$EF_{3-4}=ES_{3-4}+D_{3-4}=3+0=3$

$ES_{3-5}=EF_{2-3}=3$　　　　　　　　　　$EF_{3-5}=ES_{3-5}+D_{3-5}=3+2=5$

$ES_{4-6}=\max\{EF_{2-4},EF_{3-4}\}=\max\{5,3\}=5$　　$EF_{4-6}=ES_{4-6}+D_{4-6}=5+6=11$

$ES_{5-6}=\max\{EF_{1-5},EF_{3-5}\}=\max\{6,5\}=6$　　$EF_{5-6}=ES_{5-6}+D_{5-6}=6+2=8$

（2）计算工期为：$T_c=\max\{EF_{4-6},EF_{5-6}\}=\max\{11,8\}=11$

计划工期为：$T_p=T_c=11$

（3）各项工作的最迟完成时间和最迟开始时间。

$LF_{5-6}=T_p=11$　　　　　　　　　　　$LS_{5-6}=LF_{5-6}-D_{5-6}=11-2=9$

$LF_{4-6}=T_p=11$　　　　　　　　　　　$LS_{4-6}=LF_{4-6}-D_{4-6}=11-6=5$

$LF_{3-5}=LS_{5-6}=9$　　　　　　　　　　$LS_{3-5}=LF_{3-5}-D_{3-5}=9-2=7$

$LF_{1-5}=LS_{5-6}=9$　　　　　　　　　　$LS_{1-5}=LF_{1-5}-D_{1-5}=9-6=3$

$LF_{3-4}=LS_{4-6}=5$　　　　　　　　　　$LS_{3-4}=LF_{3-4}-D_{3-4}=5-0=5$

$LF_{2-4}=LS_{4-6}=5$　　　　　　　　　　$LS_{2-4}=LF_{2-4}-D_{2-4}=5-3=2$

$LF_{2-3}=\min\{LS_{3-4},LS_{3-5}\}=\min\{5,7\}=5$　　$LS_{2-3}=LF_{2-3}-D_{2-3}=5-1=4$

$LF_{1-2} = \min\{LS_{2-3}, LS_{2-4}\} = \min\{4, 2\} = 2$ $LS_{1-2} = LF_{1-2} - D_{1-2} = 2 - 2 = 0$

(4) 各项工作的总时差和自由时差。

$TF_{1-2} = LS_{1-2} - ES_{1-2} = 0 - 0 = 0$ $TF_{1-5} = LS_{1-5} - ES_{1-5} = 3 - 0 = 3$

$TF_{2-3} = LS_{2-3} - ES_{2-3} = 4 - 2 = 2$ $TF_{2-4} = LS_{2-4} - ES_{2-4} = 2 - 2 = 0$

$TF_{3-4} = LS_{3-4} - ES_{3-4} = 5 - 3 = 2$ $TF_{3-5} = LS_{3-5} - ES_{3-5} = 7 - 3 = 4$

$TF_{4-6} = LS_{4-6} - ES_{4-6} = 5 - 5 = 0$ $TF_{5-6} = LS_{5-6} - ES_{5-6} = 9 - 6 = 3$

由于工作的自由时差不超过总时差，某工作总时差为 0 时，其自由时差一定为 0。工作①→②、②→④、④→⑥的总时差为 0，自由时差也为 0，即：

$FF_{1-2} = FF_{2-4} = FF_{4-6} = 0$

$FF_{1-5} = ES_{5-6} - EF_{1-5} = 6 - 6 = 0$

$FF_{2-3} = \min\{ES_{3-4}, ES_{3-5}\} - EF_{2-3} = \min\{3, 3\} - 3 = 3 - 3 = 0$

$FF_{3-4} = ES_{4-6} - EF_{3-4} = 5 - 3 = 2$

$FF_{3-5} = ES_{5-6} - EF_{3-5} = 6 - 5 = 1$

$FF_{5-6} = T_p - EF_{5-6} = 11 - 8 = 3$

(5) 确定关键工作和关键线路。

工作①→②、②→④、④→⑥的总时差均为 0，故它们都是关键工作。

关键线路是自始至终全部由关键工作组成的线路，即：①→②→④→⑥。

按工作计算法标注的时间参数及关键工作如图 3-1-17 所示。

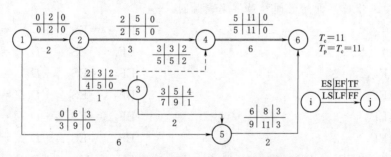

图 3-1-17 双代号网络计划按工作计算法示例

2. 按节点计算法

按节点计算法是指先计算双代号网络计划中各个节点的时间参数，再据此计算各项工作的时间参数的方法。双代号网络计划节点时间参数标注如图 3-1-18 所示。

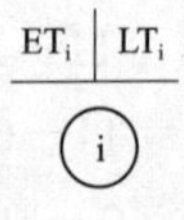

(1) 计算节点的最早时间。节点的最早时间应从网络计划的起点节点开始，顺着箭线方向按节点编号从小到大的顺序依次逐个节点计算。

1) 当起点节点 i 的最早时间无规定时，节点 i 的最早时间（ET_i）为 0，应按式（3-1-13）计算如下：

$$ET_i = 0 \quad (3-1-13)$$

图 3-1-18 双代号网络计划节点时间参数标注示意图

2) 其他节点 j 的最早时间（ET_j）是以工作 i—j 中节点 i 的最早时间 ET_i 与工作 i—j

的持续时间（D_{i-j}）之和的最大值，应按式（3-1-14）计算如下：

$$ET_j = \max\{ET_i + D_{i-j}\} \tag{3-1-14}$$

式中　ET_j——工作 i—j 的完成节点 j 的最早时间；

　　　ET_i——工作 i—j 的开始节点 i 的最早时间；

　　　D_{i-j}——工作 i—j 的持续时间。

（2）确定网络计划的计算工期与计划工期。

1）计算工期（T_c）为终点节点 n 的最早时间（ET_n），应按式（3-1-15）计算如下：

$$T_c = ET_n \tag{3-1-15}$$

2）计划工期（T_p）确定原则与按工作计算时间参数相同。当未规定要求工期时，计划工期（T_p）等于计算工期（T_c），应按式（3-1-16）计算如下：

$$T_p = T_c \tag{3-1-16}$$

（3）计算节点的最迟时间。节点的最迟时间应从网络计划的终点节点开始，逆着箭线方向按节点编号从大到小的顺序依次逐个节点计算。

1）终点节点 n 的最迟时间（LT_n）为计划工期（T_p），应按式（3-1-17）计算如下：

$$LT_n = T_p \tag{3-1-17}$$

2）其他节点 i 的最迟时间（LT_i）是工作 i—j 的节点 i 的最迟时间与工作 i—j 的持续时间（D_{i-j}）之差的最小值，应按式（3-1-18）计算如下：

$$LT_i = \min\{LT_j - D_{i-j}\} \tag{3-1-18}$$

式中　LT_i——工作 i—j 开始节点 i 的最迟时间；

　　　LT_j——工作 i—j 完成节点 j 的最迟时间。

（4）确定关键线路和关键工作。从网络计划的起点节点开始顺着箭线方向按节点编号从小到大的顺序直到终点，连接节点最早时间和最迟时间相同的节点而形成的线路为关键线路，该线路上的工作为关键工作。

（5）根据节点的最早时间和最迟时间判定 6 个工作时间参数。

1）工作的最早开始时间。工作 i—j 的最早开始时间（ES_{i-j}）是本工作开始节点的最早时间（ET_i），应按式（3-1-19）计算如下：

$$ES_{i-j} = ET_i \tag{3-1-19}$$

2）工作的最早完成时间。工作 i—j 的最早完成时间（EF_{i-j}）是本工作开始节点的最早时间（ET_i）与其持续时间（D_{i-j}）之和，应按式（3-1-20）计算如下：

$$EF_{i-j} = ET_i + D_{i-j} \tag{3-1-20}$$

3）工作的最迟完成时间。工作 i—j 的最迟完成时间（LF_{i-j}）是本工作完成节点的最迟时间（LT_j），应按式（3-1-21）计算如下：

$$LF_{i-j} = LT_j \tag{3-1-21}$$

4）工作的最迟开始时间。工作 i—j 的最迟开始时间（LS_{i-j}）是本工作完成节点的最迟时间（LT_j）与其持续时间（D_{i-j}）之差，应按式（3-1-22）计算如下：

$$LS_{i-j} = LT_j - D_{i-j} \qquad (3-1-22)$$

5) 工作的总时差。工作 i—j 的总时差（TF_{i-j}）是本工作完成节点的最迟时间（LT_j）减去其开始节点的最早时间（ET_i）再减去其持续时间，应按式（3-1-23）计算如下：

$$TF_{i-j} = LT_j - ET_i - D_{i-j} \qquad (3-1-23)$$

6) 工作的自由时差。工作 i—j 的自由时差（FF_{i-j}）是本工作完成节点的最早时间（ET_j）减去其开始节点的最早时间（ET_i）再减去其持续时间（D_{i-j}），应按式（3-1-24）计算如下：

$$FF_{i-j} = ET_j - ET_i - D_{i-j} \qquad (3-1-24)$$

【例 3-1-2】根据图 3-1-19 所示双代号网络计划，按节点计算法确定节点时间参数。

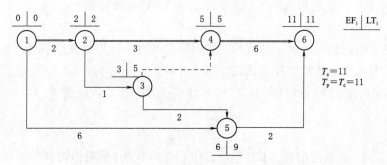

图 3-1-19 双代号网络计划按节点计算法示例（单位：天）

解：

(1) 各节点的最早时间。

$ET_1 = 0$ $\qquad ET_2 = ET_1 + D_{1-2} = 0 + 2 = 2$

$ET_3 = ET_2 + D_{2-3} = 2 + 1 = 3$

$ET_4 = \max\{ET_2 + D_{2-4}, ET_3 + D_{3-4}\} = \max\{2+3, 3+0\} = 5$

$ET_5 = \max\{ET_1 + D_{1-5}, ET_3 + D_{3-5}\} = \max\{0+6, 3+2\} = 6$

$ET_6 = \max\{ET_4 + D_{4-6}, ET_5 + D_{5-6}\} = \max\{5+6, 6+2\} = 11$

(2) 计算工期为：$T_c = ET_6 = 11$

计划工期为：$T_p = T_c = 11$

(3) 各节点的最迟时间。

$LT_6 = T_p = 11$

$LT_5 = LT_6 - D_{5-6} = 11 - 2 = 9$

$LT_4 = LT_6 - D_{4-6} = 11 - 6 = 5$

$LT_3 = \min\{LT_4 - D_{3-4}, LT_5 - D_{3-5}\} = \min\{5-0, 9-2\} = 5$

$LT_2 = \min\{LT_3 - D_{2-3}, LT_4 - D_{2-4}\} = \min\{5-1, 5-3\} = 2$

$LT_1 = \min\{LT_2 - D_{1-2}, LT_5 - D_{1-5}\} = \min\{2-2, 9-6\} = 0$

(4) 确定关键线路及关键工作。

节点①、②、④、⑥的最早时间和最迟时间相等，由这些节点组成的线路①→②→

④→⑥为关键线路，关键线路上的工作为关键工作，即①→②、②→④、④→⑥。

(5) 本例中各项工作的 6 个时间参数可根据式（3-1-19）～式（3-1-24）计算得到，计算结果与按工作计算法相同。

按节点时间参数标法其结果如图 3-1-19 所示。

3. 按工作计算法与按节点计算法的比较

(1) 计算原理完全相同，均可用标注方式表示计算结果。

(2) 按工作计算法时间参数表示完整，按节点计算法时间参数表示简洁。

(3) 按工作计算法标注了所有时间参数，一目了然，但计算过程较长。

(4) 按节点计算法先确定的节点时间参数、计算工期、关键线路和关键工作等重要参数和信息。不必一次计算全部的时间参数，节省计算时间，可根据需要进行补充计算，方便进行进度控制的比较与分析。

目前包含了网络计划的项目管理信息化系统，只需输入各工作之间的逻辑关系及工作持续时间等基础数据，网络计划的绘制和时间参数的计算均由系统自行完成并可按要求输出。人们工作重点是对系统绘制的网络计划及时间参数进行综合分析评价，判断工作之间的逻辑关系是否正确完整，网络计划与建设工程实施条件和资源配置是否匹配，是否能满足合同工期和关键节点等要求。

【例 3-1-3】 某建设工程合同工期为 16 个月，经监理机构批准的施工进度网络计划如图 3-1-20 所示。监理机构在第 8 个月末检查时，发现工作 C、工作 B 已按计划完成，而工作 D 还需要 2 个月才能完成。

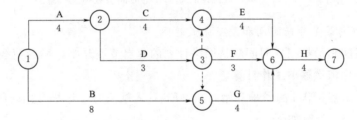

图 3-1-20 某建设工程施工进度网络计划（单位：月）

问题：

(1) 指出该建设工程施工进度网络计划的关键线路、计算工期。

(2) 工作 D 的总时差和自由时差分别为多少？

(3) 工作 D 实际进度影响合同工期多少天？说明理由。

解：

(1) 按节点计算法确定各节点的最早时间和最迟时间，如图 3-1-21 所示。从起点节点开始直到终点节点，连接最早时间等于最迟时间的节点组成的线路为关键线路。关键线路是：①→②→④→⑥→⑦和①→⑤→⑥→⑦，计算工期为 16 个月。

(2) 工作 D 的总时差为 1 个月，自由时差为 0 个月。$TF_D = LT_3 - ET_2 - D_D = 8 - 4 - 3 = 1$（月），$FF_D = ET_3 - ET_2 - D_D = 7 - 4 - 3 = 0$（月）。

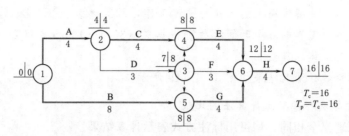

图3-1-21 某建设工程施工进度网络计划按节点计算法的示例（单位：月）

(3) 工作D实际进度影响合同工期2个月。理由：工作D的最迟完成时间为第8个月末，截至第8个月末，工作D尚需2个月才能完成，工期将延误2个月。

（三）单代号网络计划时间参数的计算

单代号网络计划时间参数的计算，以单代号网络计划中的工作为对象，直接计算各项工作的时间参数并标注在图上，时间参数标注如图3-1-22所示。

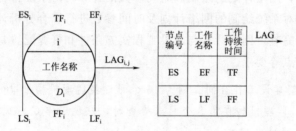

图3-1-22 单代号网络计划工作的时间参数标注示意图

1. 计算工作的最早开始时间和最早完成时间

最早开始时间和最早完成时间应从网络计划的起点节点开始，顺着箭线方向按节点编号从小到大的顺序依次逐项工作计算。

（1）当起点节点工作i的最早开始时间（ES_i）无规定时，最早开始时间（ES_i）为0，应按式（3-1-25）计算如下：

$$ES_i = 0 \qquad (3-1-25)$$

（2）工作i的最早完成时间（EF_i）是本工作的最早开始时间（ES_i）与其持续时间D_i之和，应按式（3-1-26）计算如下：

$$EF_i = ES_i + D_i \qquad (3-1-26)$$

（3）其他节点工作i的最早开始时间（ES_i）是本工作所有紧前工作最早完成时间的最大值，或是本工作所有紧前工作最早开始时间与该紧前工作持续时间之和的最大值，应按式（3-1-27）计算如下：

$$ES_i = \max\{EF_h\} = \max\{ES_h + D_h\} \qquad (3-1-27)$$

式中 EF_h——工作i的紧前工作h的最早完成时间；

ES_h——工作i的紧前工作h的最早开始时间；

D_h——工作i的紧前工作h的持续时间。

2. 确定网络计划的计算工期

计算工期 T_c 为其终点节点 n 的最早完成时间，应按式（3-1-28）计算如下：

$$T_c = EF_n \tag{3-1-28}$$

3. 确定网络计划的计划工期

单代号网络计划的计划工期的确定方法与双代号网络计划相同。参照式（3-1-5）和式（3-1-6）确定。

4. 计算工作的最迟开始时间和最迟完成时间

工作的最迟开始时间和最迟完成时间应从网络计划的终点节点开始，逆着箭线方向按节点编号从大到小的顺序逐项工作计算。

(1) 终点节点工作 n 的最迟完成时间（LF_n）为计划工期（T_p），应按式（3-1-29）计算如下：

$$LF_n = T_p \tag{3-1-29}$$

(2) 工作 i 最迟开始时间（LS_i）是本工作的最迟完成时间（LF_i）与其持续时间（D_i）之差，应按式（3-1-30）计算如下：

$$LS_i = LF_i - D_i \tag{3-1-30}$$

(3) 其他节点工作 i 的最迟完成时间 LF_i 是本工作所有紧后工作最迟开始时间的最小值，或是本工作所有紧后工作 j 最迟完成时间与该紧后工作持续时间之差的最小值，应按式（3-1-31）计算如下：

$$LF_i = \min\{LS_j\} = \min\{LF_j - D_j\} \tag{3-1-31}$$

式中 LS_j——工作 i 紧后工作 j 的最迟开始时间；

LF_j——工作 i 紧后工作 j 的最迟完成时间。

5. 计算间隔时间

相邻两项工作 i 和工作 j 之间（i<j）的间隔时间 $LAG_{i,j}$ 是工作 j 的最早开始时间与工作 i 最早完成时间之差，应按式（3-1-32）计算如下：

$$LAG_{i,j} = ES_j - EF_i \quad (i<j) \tag{3-1-32}$$

6. 计算总时差和自由时差

(1) 工作 i 的总时差 TF_i 和自由时差 FF_i，可按式（3-1-33）和式（3-1-34）计算如下：

$$TF_i = EF_i - LF_i = ES_i - LS_i \tag{3-1-33}$$

$$FF_i = \min\{ES_j\} - EF_i \tag{3-1-34}$$

式中 ES_j——工作 i 紧后工作 j 的最早开始时间。

(2) 利用间隔时间计算节点工作 i 的总时差和自由时差。工作的总时差和自由时差应从终点节点开始，逆着箭线方向按节点编号从大到小的顺序逐项工作计算。

1) 终点节点工作 n 的总时差（TF_n）是计划工期 T_p 与本工作最早完成时间 EF_n 之差，应按式（3-1-35）计算如下：

$$TF_n = T_p - EF_n \tag{3-1-35}$$

2) 其他节点工作 i 的总时差（TF_i）是所有本工作与紧后工作 j 的时间间隔与该紧后

工作总时差之和的最小值，应按式（3-1-36）计算如下：
$$TF_i = \min\{LAG_{i,j} + TF_j\} \tag{3-1-36}$$
式中 $LAG_{i,j}$——工作i与紧后工作j的间隔时间；
TF_j——工作i紧后工作j的总时差。

3）终点节点工作n的自由时差FF_n是计划工期与本工作最早完成时间之差，或是终点节点工作n的总时差（TF_n），应按式（3-1-37）计算如下：
$$FF_n = TF_n = T_p - EF_n \tag{3-1-37}$$

4）其他节点工作i的自由时差（FF_i）是所有本工作与紧后工作的工作间隔时间（$LAG_{i,j}$）的最小值，应按式（3-1-38）计算如下：
$$FF_i = \min\{LAG_{i,j}\} \tag{3-1-38}$$
式中 $LAG_{i,j}$——工作i与紧后工作j的间隔时间。

7. 确定关键线路和关键工作

在单代号网络计划中，总时差最小的工作就是关键工作。自始至终全部由关键工作组成的线路、相邻工作间隔时间均为零的线路或最长的线路为关键线路。

【**例3-1-4**】 单代号网络计划的基本信息如图3-1-23（a）所示，计算单代号网络计划相关时间参数，其计算结果如图3-1-23（b）所示。

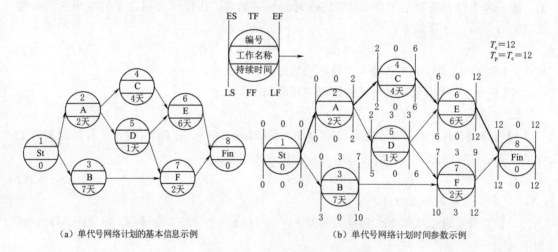

图3-1-23 单代号网络计划时间参数计算示例

解：

（1）各项工作的最早开始时间和最早完成时间。

$ES_1 = 0$ $EF_1 = ES_1 + D_1 = 0 + 0 = 0$

$ES_2 = EF_1 = 0$ $EF_2 = ES_2 + D_2 = 0 + 2 = 2$

$ES_3 = EF_1 = 0$ $EF_3 = ES_3 + D_3 = 0 + 7 = 7$

$ES_4 = EF_2 = 2$ $EF_4 = ES_4 + D_4 = 2 + 4 = 6$

$ES_5 = EF_2 = 2$ $EF_5 = ES_5 + D_5 = 2 + 1 = 3$

$ES_6 = \max\{EF_4, EF_5\} = \max\{6, 3\} = 6$ $EF_6 = ES_6 + D_6 = 6 + 6 = 12$

......

以此类推,计算其他工作的最早开始时间和最早完成时间。

(2) 计算工期:$T_c = EF_8 = 12$

计划工期:$T_p = T_c = 12$

(3) 各项工作的最迟完成时间和最迟开始时间。

$LF_8 = T_p = LS_8 = LF_7 = 12$ $\qquad$ $LS_7 = LF_7 - D_7 = 12 - 2 = 10$

$LF_6 = LS_8 = 12$ $\qquad$ $LS_6 = LF_6 - D_6 = 12 - 6 = 6$

$LF_5 = \min\{LS_6, LS_7\} = \min\{6, 10\} = 6$ $\qquad$ $LS_5 = LF_5 - D_5 = 6 - 1 = 5$

......

以此类推,计算其他工作的最迟完成时间和最迟开始时间。

(4) 相邻两项工作之间的间隔时间。

$LAG_{1,2} = ES_2 - EF_1 = 0 - 0 = 0$ $\qquad$ $LAG_{1,3} = ES_3 - EF_1 = 0 - 0 = 0$

$LAG_{2,4} = ES_4 - EF_2 = 2 - 2 = 0$ $\qquad$ $LAG_{2,5} = ES_5 - EF_2 = 2 - 2 = 0$

$LAG_{3,7} = ES_7 - EF_3 = 7 - 7 = 0$ $\qquad$ $LAG_{4,6} = ES_6 - EF_4 = 6 - 6 = 0$

$LAG_{5,6} = ES_6 - EF_5 = 6 - 3 = 3$ $\qquad$ $LAG_{5,7} = ES_7 - EF_5 = 7 - 3 = 4$

$LAG_{6,8} = ES_8 - EF_6 = 12 - 12 = 0$ $\qquad$ $LAG_{7,8} = ES_8 - EF_7 = 12 - 9 = 3$

(5) 各项工作的总时差和自由时差。利用相邻工作的间隔时间确定各工作的总时差和自由时差。

$TF_8 = T_p - EF_8 = 12 - 12 = 0$

$TF_6 = LAG_{6,8} + TF_8 = 0 + 0 = 0$

$TF_5 = \min\{LAG_{5,6} + TF_6, LAG_{5,7} + TF_7\} = \min\{3 + 0, 4 + 3\} = 3$

$FF_8 = TF_8 = T_p - EF_8 = 12 - 12 = 0$ $\qquad$ $FF_7 = LAG_{7,8} = 3$

$FF_6 = LAG_{6,8} = 0$ $\qquad$ $FF_5 = \min\{LAG_{5,6}, LAG_{5,7}\} = \min\{3, 4\} = 3$

......

以此类推,计算其他工作的总时差和自由时差。

(6) 关键线路与关键工作。关键工作为工作 S_t、工作 A、工作 C、工作 E、工作 F_{in},关键线路为①→②→④→⑥→⑧。实质上关键工作为工作 A、工作 C、工作 E。

四、双代号时标网络计划

(一) 双代号时标网络计划表示

双代号时标网络计划(简称时标网络计划)是以水平时间坐标为尺度表示工作时间的双代号网络计划。由于时标网络计划既具有网络计划的优点,又与横道图表现形式相似,直观易懂,在建设工程进度控制中应用比较普遍。

绘制时标网络计划的一般规则如下:

(1) 时标网络计划可以天、周、旬、月、季或年为时间单位。时标网络计划包括两部分,一是时间坐标系,一般在时标网络计划图的顶部或底部标注时间坐标系。二是时标网络计划图。

(2) 时标网络计划应以实箭线表示工作，实箭线的水平投影长度表示工作的持续时间，应以垂直方向的虚箭线表示虚工作，有自由时差的工作用水平的波形线表示自由时差。

(3) 时标网络计划宜按最早时间编制。

(4) 节点的中心必须对准相应的时标位置。

时标网络计划时间可用计算坐标体系、工作日坐标体系、日历坐标体系表示。图3-1-24 (a) 是计算坐标体系的时标网络计划示例，图3-1-24 (b) 是工作日坐标体系的时标网络计划示例。

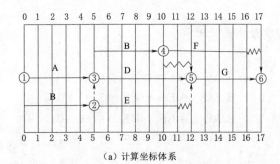
(a) 计算坐标体系

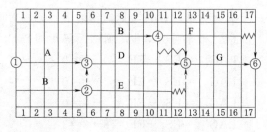
(b) 工作日坐标体系

图3-1-24 时标网络计划示例（单位：天）

由于时标网络计划已将部分时间参数直观表达出来，如每项工作的持续时间、最早开始时间和完成时间、自由时差，可根据已标出的时间参数来判定其他时间参数。

（二）时标网络计划时间参数的判定

1. 计算工期和关键线路的判定

(1) 计算工期的判定。时标网络计划的计算工期是终点节点与起点节点所在位置的对应时标值之差。

(2) 关键线路的判定。从终点节点开始逆着箭线方向到起点节点，自始至终没有波形线的线路为关键线路。

2. 6个工作时间参数的判定

(1) 工作最早开始时间和最早完成时间的判定。工作开始（箭尾）节点中心所对应的时标值为本工作的最早开始时间。当工作箭线中没有波形线时，其完成（箭头）节点中心所对应的时标值为本工作的最早完成时间；当工作箭线中有波形线时，工作箭线实线部分右端点所对应的时标值为本工作的最早完成时间。

(2) 工作自由时差的判定。工作自由时差值应为本工作箭线中波形线部分在水平方向投影的长度。

(3) 工作总时差的判定。工作总时差应从终点节点开始，逆着箭线方向按节点编号从大至小的顺序逐项工作确定。

1) 以终点节点n完成节点工作i—n的总时差（TF_{i-n}）是计划工期（T_p）与本工作最早完成时间（EF_{i-n}）之差，应按式(3-1-39)计算如下：

$$TF_{i-n} = T_p - EF_{i-n} \tag{3-1-39}$$

2) 其他工作 i—j 的总时差（TF_{i-j}）是本工作所有紧后工作总时差的最小值与本工作自由时差（FF_{i-j}）之和，应按式（3-1-40）计算如下：

$$TF_{i-j} = \min\{TF_{j-k}\} + FF_{i-j} \qquad (3-1-40)$$

式中 TF_{j-k}——工作 i—j 紧后工作 j—k 的总时差。

（4）工作最迟开始时间和最迟完成时间的判定。

1) 工作 i—j 的最迟开始时间（LS_{i-j}）是本工作的最早开始时间（ES_{i-j}）与其总时差（TF_{i-j}）之和，应按式（3-1-41）计算如下：

$$LS_{i-j} = ES_{i-j} + TF_{i-j} \qquad (3-1-41)$$

2) 工作 i—j 的最迟完成时间（LF_{i-j}）是该工作的最早完成时间（EF_{i-j}）与其总时差（TF_{i-j}）之和，应按式（3-1-42）计算如下：

$$LF_{i-j} = EF_{i-j} + TF_{i-j} \qquad (3-1-42)$$

【例 3-1-5】 时标网络计划如图 3-1-24 所示，确定各时间参数。

解：

（1）计算工期：$T_c = 17$ 天。

（2）关键线路为①→③→⑤→⑥和①→②→③→⑤→⑥。

（3）各工作最早开始时间和最早完成时间。

$ES_{1-2} = ES_{1-3} = 0$ $ES_{2-3} = ES_{2-5} = ES_{3-4} = ES_{3-5} = 5$

$ES_{4-5} = ES_{4-6} = 10$ $ES_{5-6} = 12$

$EF_{1-2} = EF_{1-3} = EF_{2-3} = 5$ $EF_{2-5} = 11$

$EF_{3-4} = EF_{4-5} = 10$ $EF_{3-5} = 12$

$EF_{4-6} = 16$ $EF_{5-6} = 17$

（4）各项工作的自由时差和总时差。

$FF_{2-5} = FF_{4-6} = 1$，$FF_{4-5} = 2$，其他工作的自由时差均为 0。

$TF_{4-6} = 17 - 16 = 1$ $TF_{4-5} = TF_{5-6} + FF_{4-5} = 0 + 2 = 2$

$TF_{3-5} = TF_{5-6} + FF_{3-5} = 0 + 0 = 0$

$TF_{3-4} = \min\{TF_{4-5}, TF_{4-6}\} + FF_{3-4} = \min\{2, 1\} + 0 = 1$

……

以此类推，计算其他工作的总时差。

（5）工作最迟开始时间和最迟完成时间。

各项工作最迟开始时间和最迟完成时间按式（3-1-41）和式（3-1-42）计算即可。

五、搭接网络计划

在双代号及单代号网络计划中，各项工作按逻辑关系依次进行，即任何一项工作都必须在它所有紧前工作全部完成后才能开始。

图 3-1-25（a）所示为用横道图表示相邻的两项工作 A、B，工作 A 进行 4 天后工作 B 即可开始，而不需要工作 A 全部完成才开始，这种情况在网络计划中的处理方法是：将工作 A 划分为两部分，即工作 A_1 和 A_2，用双代号网络图表示如图 3-1-25（b）所示，

用单代号网络图表示如图3-1-25（c）所示。

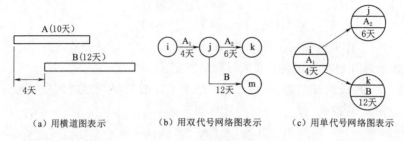

（a）用横道图表示　　（b）用双代号网络图表示　　（c）用单代号网络图表示

图3-1-25　工作A、B搭接关系的表示方法

在实际建设工程中，常采用搭接方式进行组织施工，如采用上述方法编制的网络计划比较烦琐，为了能简单直接地表达这类搭接关系，引入搭接网络计划，搭接网络计划是在单代号网络图的箭线上方注明相应时距表示搭接关系的网络计划。

（一）搭接关系的种类及表达方式

在搭接网络计划中，工作之间的搭接关系是由相邻两项工作之间的时距表示，时距是指时间的重叠或间歇。时距的产生和大小取决于工艺要求和施工组织上的要求，用以表示搭接关系的时距有五种。

1. 结束到开始（FTS）关系

相邻两项工作i，j（i<j）有结束到开始的搭接关系，结束到开始的时距（FTS）为工作i完成时间与工作j开始时间之差值。例如，在混凝土浇筑结束后，按技术规范要求，至少要养护7天才能拆模板。浇筑混凝土和拆模板两项工作之间的搭接关系为结束到开始的关系，用时距FTS=7天表示，如图3-1-26所示。

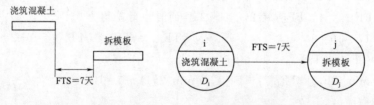

（a）用横道图表示结束到开始的时距　　（b）用搭接网络计划表示结束到开始的时距

图3-1-26　结束到开始的搭接关系及表达方式

2. 开始到开始（STS）的关系

相邻两项工作i、j（i<j）有开始到开始的搭接关系，开始到开始的时距（STS）为工作i开始时间与工作j开始时间之差值。例如，引水渠的开挖和衬砌工作，为了缩短工期，组织流水施工。根据现场条件，渠道开挖开始5天后，衬砌即可进行。渠道开挖和衬砌两项工作之间的搭接关系为开始到开始的关系，用时距STS=5天表示，如图3-1-27所示。

3. 结束到结束（FTF）的关系

相邻两项工作i，j（i<j）有结束到结束的搭接关系，结束到结束的时距（FTF）为

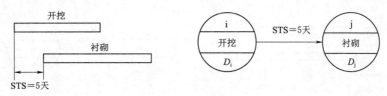

(a) 用横道图表示开始到开始的时距　　(b) 用搭接网络计划表示开始到开始的时距

图 3-1-27　开始到开始的搭接关系及表达方式

工作 i 完成时间与工作 j 完成时间之差值。例如，在道路工程中，铺设路基须为浇筑路面留有充分的工作面，浇筑路面只能等铺设路基结束一段时间后才能结束。铺设路基与浇筑路面两项工作之间搭接关系是结束到结束的关系，用时距 FTF=15 天表示，如图 3-1-28 所示。

(a) 用横道图表示结束到结束的时距　　(b) 用搭接网络计划表示结束到结束的时距

图 3-1-28　结束到结束的搭接关系及表达方式

4. 开始到结束 (STF) 的关系

相邻两项工作 i，j（i<j）有开始到结束的搭接关系，开始到结束的时距（STF）为工作 i 开始时间与工作 j 完成时间之差值。例如，开挖带有部分地下水的土方，地下水位以上的土方可以在降低地下水位工作完成之前完成，而在地下水位以下的土方则必须要等到降低地下水位之后才能开始，开挖与降低地下水位两项工作之间搭接关系为从开始到结束的关系，用时距 STF=30 天表示，如图 3-1-29 所示。

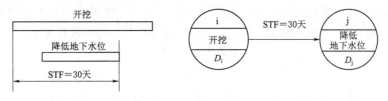

(a) 用横道图表示开始到结束的时距　　(b) 用搭接网络计划表示开始到结束的时距

图 3-1-29　开始到结束的搭接关系及表达方式

5. 混合搭接关系

在搭接网络计划中，相邻两项工作之间有时还会同时存在以上两种以上的搭接关系。例如果工作 A 与工作 B 之间可能同时存在 STS 和 FTF 时距。开始到开始和结束到结束的搭接关系，其表达方式如图 3-1-30 所示。

（二）搭接网络计划时间参数的计算

搭接网络计划时间参数的计算与单代号网络计划时间参数的计算原理基本相同，有搭

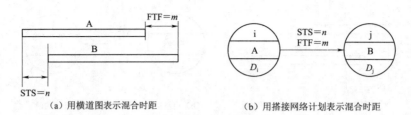

图 3-1-30 混合搭接关系及表达方式

接关系的按式（3-1-43）～式（3-1-50）计算其时间参数，再计算其他时间参数。

（1）计算有搭接关系的时间参数。

1）当工作 i 与工作 j 之间有 FTS 搭接关系时，工作 j 的最早开始时间（ES_j）、工作 i 的最迟完成时间（LF_i）分别按式（3-1-43）、式（3-1-44）计算如下：

$$ES_j = EF_i + FTS_{i,j} \quad (3-1-43)$$
$$LF_i = LS_j - FTS_{i,j} \quad (3-1-44)$$

式中　$FTS_{i,j}$——工作 i 与工作 j 之间 FTS 搭接关系的时距。

2）当工作 i 与工作 j 之间有 STS 搭接关系时，工作 j 的最早开始时间（ES_j）、工作 i 的最迟开始时间（LS_i）分别按式（3-1-45）、式（3-1-46）计算如下：

$$ES_j = ES_i + STS_{i,j} \quad (3-1-45)$$
$$LS_i = LS_j - STS_{i,j} \quad (3-1-46)$$

式中　$STS_{i,j}$——工作 i 与工作 j 之间 STS 搭接关系的时距。

3）当工作 i 与工作 j 之间有 FTF 搭接关系时，工作 j 的最早完成时间（EF_j）、工作 i 的最迟完成时间分别按式（3-1-47）、式（3-1-48）计算如下：

$$EF_j = EF_i + FTF_{i,j} \quad (3-1-47)$$
$$LF_i = LF_j - FTF_{i,j} \quad (3-1-48)$$

式中　$FTF_{i,j}$——工作 i 与工作 j 之间 FTF 搭接关系的时距。

4）当工作 i 与工作 j 之间有 STF 搭接关系时，工作 j 的最早完成时间（EF_j）、工作 i 的最迟开始时间（LS_i）分别按式（3-1-49）、式（3-1-50）计算如下：

$$EF_j = ES_i + STF_{i,j} \quad (3-1-49)$$
$$LS_i = LF_j - STF_{i,j} \quad (3-1-50)$$

式中　$STF_{i,j}$——工作 i 与工作 j 之间 STF 搭接关系的时距。

5）若某节点工作与相邻工作有混合搭接关系、与多项紧前工作有搭接关系、与多项紧后工作有搭接关系或没有搭接关系时，先计算该节点各个单一搭接关系、无搭接关系的同一时间参数，最早开始时间和最早完成时间取其中的最大值，最迟完成时间和最迟开始时间取其中的最小值。

（2）当中间节点工作最早开始时间为负值时，应将该工作与虚拟起点节点 St 用箭线相连，并取其 STS=0。若无虚拟起点节点 St，则新增起点节点 St，应将该工作与虚拟起点节点 St 用箭线相连，并取其 STS=0，并将原起点节点与节点 St 用箭线连接，以此重新计算该节点工作的最早开始时间和最早完成时间。

(3) 当中间节点的最早完成时间大于终点节点的最早完成时间时，应将该工作与虚拟终点节点 Fin 用箭线相连接，并取其 FTF＝0。若无虚拟终点节点 Fin，则新增终点节点 Fin，并将原终点节点与节点 Fin 用箭线连接，并取其 FTF＝0，以此重新计算虚拟终点节点 Fin 的最早开始时间和最早完成时间。

(4) 相邻两项工作 i 和 j 有搭接关系的时隔时间（$LAG_{i,j}$）按式（3-1-51）～式（3-1-54）计算如下：

i，j 两项工作的时距为 $STS_{i,j}$ 时，

$$LAG_{i,j}=ES_j-ES_i-STS_{i,j} \qquad (3-1-51)$$

i，j 两项工作的时距为 $FTF_{i,j}$ 时，

$$LAG_{i,j}=EF_j-EF_i-FTF_{i,j} \qquad (3-1-52)$$

i，j 两项工作的时距为 $STF_{i,j}$ 时，

$$LAG_{i,j}=EF_j-ES_i-STF_{i,j} \qquad (3-1-53)$$

i，j 两项工作的时距为 $FTS_{i,j}$ 时，

$$LAG_{i,j}=ES_j-EF_i-FTS_{i,j} \qquad (3-1-54)$$

当相邻两项工作之间存在混合型搭接关系时，应分别计算单个搭接关系的间隔时间并取最小值。

(5) 其他时间参数与单代号网络计划时间参数的计算方法相同。

【例 3-1-6】 搭接网络计划如图 3-1-31 所示，计算时间参数。

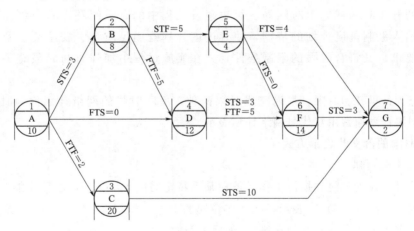

图 3-1-31　搭接网络计划示例（单位：天）

解：

此例搭接网络计划的时间参数如图 3-1-32 所示。

六、时限的网络计划

在建设工程实践中，网络计划中的某些工作的时间安排除受其工艺或组织关系制约外，还可能受到其他因素限制，这种限制称为时限。如导流工程中的截流一般安排在河流的非汛期，以避免汛期对截流的影响；又如围堰、堤防的加固在汛前完成的工

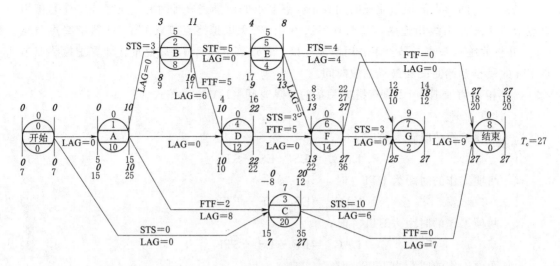

图 3-1-32 搭接网络计划计算示例（单位：天）

图 3-1-32 的计算说明：当某节点工作有多组最早开始时间和最早完成时间或多组最迟开始时间和最迟完成时间时，表示按该节点工作与相邻工作存在多种搭接关系或无搭接关系分别计算相应时间参数的结果，其斜体加粗为该节点的最早开始时间和最早完成时间，最迟开始时间和最迟完成时间。

程量应满足安全度汛的要求；还如北方高寒地区的土石方工程、混凝土工程冬季一般不安排施工，以避免因气温过低对施工及质量产生不利影响；再如施工合同中的约定某个项目的开工时间或完工时间等。解决建设工程中的时限问题，就应将相关时限的制约条件纳入编制进度计划的依据，使其进度计划既满足质量、安全要求及资源、费用等目标要求，又符合时限的限制条件，并在实施过程中加强对与时限有关工作的进度控制。

时限分为最早开始时限、最迟完成时限两种，反映时限的网络计划称为时限网络计划，时限网络计划通常用双代号网络计划表示。

（一）时限的含义及表示方式

1. 最早开始时限

工作的最早开始时限是指该工作必须在某个特定时间 $L_{ES}(i,j)$ 之后才能开始，最早开始时限用"$\gg L_{ES}(i,j)$"表示，标注在箭线的上方，如图 3-1-33（a）所示。图 3-1-33（b）表示工作⑤→⑥必须在第 50 天后才开始。

(a) 最早开始时限标注图例　　(b) 最早开始时限示例

图 3-1-33　最早开始时限图例（单位：天）

2. 最迟完成时限

工作的最迟完成时限是指该工作必须在某个特定时间 $L_F(i,j)$ 之前完成，最迟完成时限用"$L_{LF}(i,j)\ll$"表示，标注在箭线的下方，如图 3-1-34（a）所示。图 3-1-

34 (b) 表示工作⑦→⑨在第 70 天之前必须完成。

(a) 最迟完成时限标注图例　　　　　(b) 最迟完成时限示例

图 3-1-34　最迟完成时限图例（单位：天）

（二）时限网络计划时间参数的计算

1. 计算有最早开始时限工作的最早开始时间

有最早开始时限工作的最早开始时间应从起点节点开始，顺着箭线方向按节点编号从小到大的顺序依次逐项工作计算。

（1）当整个网络计划有最早开始时限 $L_{ES}(i,j)$ 时，以起点节点 i 为开始节点，工作 i—j 的最早开始时限为 $L_{ES}(i,j)$，工作 i—j 的最早开始时间按式（3-1-55）计算。

$$ES_{i-j} = \max\{ES'_{i-j}, L_{ES}(i,j)\} \qquad (3-1-55)$$

式中　ES'_{i-j}——工作 i—j 按没有最早开始时限的最早开始时间；

$L_{ES}(i,j)$——工作 i—j 的最早开始时限。

（2）当工作 i—j 有最早开始时限时，工作 i—j 的最早开始时间（ES_{i-j}）按式（3-1-55）计算。

2. 计算有最迟完成时限工作的最迟完成时间

有最迟完成时限工作的最迟完成时间应从终点节点开始，逆着箭线方向按节点编号从大到小的顺序依次逐项工作计算。

（1）当整个网络计划有最迟完成时限 $L_{LF}(i,j)$ 时，以终点节点为完成节点 j 的工作 i—j 的最迟完成时限为 $L_{LF}(i,j)$，工作 i—j 的最迟完成时间应按式（3-1-56）计算如下：

$$LF_{i-j} = \min\{LF'_{i-j}, L_{LF}(i,j)\} \qquad (3-1-56)$$

式中　LF'_{i-j}——工作 i—j 没有最迟完成时限的最迟完成时间；

$L_{LF}(i,j)$——工作 i—j 的最迟完成时限。

（2）当工作 i—j 有最迟完成时限时，工作 i—j 的最迟完成时间（LF_{i-j}）按式（3-1-56）计算。

（3）其他时间参数计算。没有时限的工作的最早开始时间和最迟完成时间分别按式（3-1-1）、式（3-1-3）、式（3-1-7）计算，再分别按式（3-1-2）、式（3-1-8）、式（3-1-10）计算所有工作的最早完成时间、最迟开始时间和总时差。

自由时差应按式（3-1-57）计算如下：

$$FF_{i-j} = \min\{ES_{j-k} - EF_{i-j}, L_{LF}(i,j) - EF_{i-j}\} \qquad (3-1-57)$$

式中　FF_{i-j}——工作 i—j 的自由时差；

ES_{j-k}——工作 i—j 的紧后工作 j—k 的最早开始时间；

$L_{LF}(i,j)$——工作 i—j 的最迟完成时限；

EF_{i-j}——工作 i—j 的最早完成时间。

【例 3-1-7】 某时限网络计划的基本信息如图 3-1-35 所示，计算时间参数。

解：

时限网络计划时间参数如图 3-1-35 所示。

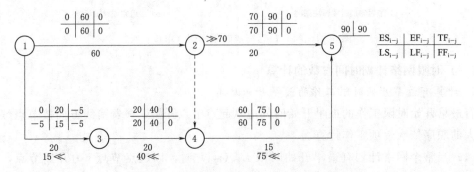

图 3-1-35 时限网络计划计算示例（单位：天）

从图 3-1-35 中可知：工作①→③的最迟开始时间、总时差为负值，说明本计划不可行，应做出相应调整，如将工作①→③的持续时间缩短为 15 天，然后重新计算网络计划的工作时间参数。

3. 关键工作

在时限网络计划中，总时差可能出现负数，因此总时差等于 0 或小于 0 的工作均为关键工作。如图 3-1-35 中所有工作都是关键工作，其中有因逻辑关系所形成的，如工作①→②；有因时限所形成的，如工作①→③、工作③→④、工作④→⑤；还有两者兼而有之的，如工作②→⑤。在进度计划控制中既要关注因逻辑关系引起的关键工作，也要关注因时限引起的关键工作，这些关键工作往往是控制重点。

第二节 网络计划的优化

网络计划的优化是按选定优化目标，在满足既定约束条件下，通过不断改进网络计划，寻求满意方案。优化目标应按计划项目的需要和条件选定，优化目标包括工期目标、费用目标和资源目标。网络计划的优化不得影响工程的质量和安全。

一、工期优化

工期优化是指当网络计划的计算工期超过要求工期时，通过压缩关键工作的持续时间来满足要求工期。在编制建设工程施工进度计划阶段，当拟定的施工进度计划不能满足合同工期（要求工期）时，可用工期优化方法调整施工进度计划以期达到合同工期；在建设工程实施阶段，当出现某些工作的进度延误造成了工期延误时，也可用工期优化的方法修改原施工进度计划以期保证后续工作按期完成。

网络计划工期优化的基本方法有两种：一是在不改变网络计划中各项工作之间逻辑关系的前提下，通过压缩关键工作的持续时间来达到工期优化目标；二是通过调整施工方案和(或)施工组织方式等改变部分工作的逻辑关系来缩短关键工作的持续时间达到工期优化目标,如划分若干施工区段组织流水施工、搭接施工等。

(一)不改变网络计划逻辑关系的工期优化原则和步骤

1. 优化原则

应优先考虑有作业空间、充足备用资源和增加费用最小的关键工作,压缩其持续时间,但不能将关键工作压缩成非关键工作。当有多条关键线路时,必须将各条关键线路的长度压缩相同数值。

2. 优化步骤

(1)计算并找出初始网络计划的计算工期、关键工作和关键线路。

(2)按要求工期计算应缩短的时间ΔT,按式(3-2-1)计算如下:

$$\Delta T = T_c - T_r \tag{3-2-1}$$

式中 T_c——网络计划的计算工期;

T_r——要求工期。

(3)根据约束条件确定各关键工作能缩短的持续时间(或最短持续时间),将影响关键工作缩短持续时间的作业空间、充足备用资源和增加费用等因素进行优先级的排序,按优先级顺序选择压缩持续时间的关键工作。

(4)将所选定的关键工作的持续时间压缩至最短,并重新确定计算工期和关键线路。若被压缩的工作变成非关键工作,则应延长其持续时间,使之仍为关键工作。

(5)当计算工期仍超过要求工期时,则重复上述(2)~(4)的步骤,直到满足工期要求或工期已不能再缩短为止。

(6)当所有关键工作的持续时间都已达到其能缩短的极限,而工期仍不能满足要求时,应对网络计划的原技术方案、组织方案进行调整或对要求工期重新审定。

3. 工期优化示例

【**例3-2-1**】 假定某堤防工程堤身填筑的三个工序分别为铺料、整平和压实,将堤身划分为3个施工段,其初始施工进度计划如图3-2-1所示,其中图中箭线上方括号内数字为优选系数,该优选系数是综合考虑质量、安全、费用、作业空间、资源配置等情况而定,优先级从小到大排序,未标优选系数的表示不能作为优化对象(如整平Ⅱ)。箭线下方标注的数字分别是正常持续时间和最短持续时间。要求工期(计划工期)为66天,在不改变逻辑关系的前提下,进行工期优化。

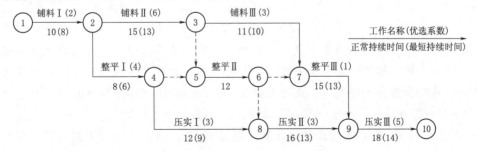

图3-2-1 堤身填筑初始施工进度计划(单位:天)

【优化过程】 选择压缩持续时间对象的基本原则：选择优选系数最小的关键工作作为压缩持续时间的对象，若需要同时压缩多项关键工作（称关键工作组）的持续时间时，其组的优选系数为该组多项关键工作优选系数之和，以组的优选系数与其他关键工作（或关键工作组）的优选系数相比较。

(1) 在初始施工进度计划中，以正常持续时间为准，采用节点计算法确定其计算工期和关键线路，如图3-2-2所示。此时关键线路为①→②→③→⑤→⑥→⑧→⑨→⑩。

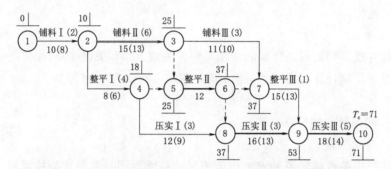

图3-2-2 堤身填筑初始施工进度计划的计算工期及关键线路

(2) 图3-2-2所示网络计划的计算工期为71天，需要缩短工期：$\Delta T = T_c - T_r = 71 - 66 = 5$（天）；可压缩持续时间的关键工作铺料Ⅰ、铺料Ⅱ、压实Ⅱ、压实Ⅲ，优化系数分别为2、6、3、5，其中铺料Ⅰ的优选系数最小，将铺料Ⅰ的持续时间压缩2天至最短持续时间8天，此时关键线路没有变化，第一次优化结果如图3-2-3所示。

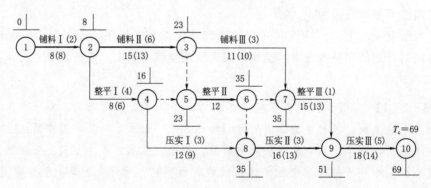

图3-2-3 堤身填筑初始施工进度计划的第一次优化

(3) 图3-2-3所示网络计划的计算工期为69天，仍大于计划工期。需要缩短工期：$\Delta T_1 = 69 - 66 = 3$（天），可压缩持续时间的关键工作铺料Ⅱ、压实Ⅱ、压实Ⅲ，优选系数分别为6、3、5，其中压实Ⅱ的优选系数最小，将压实Ⅱ的持续时间压缩3天至最短持续时间13天时，该工作就变成了非关键工作，将压实Ⅱ的持续时间压缩1天，其持续时间为15天时该工作仍为关键工作。此时关键线路为：①→②→③→⑤→⑥→⑧→⑨→⑩和①→②→③→⑤→⑥→⑦→⑨→⑩，第二次优化如图3-2-4所示。

(4) 图3-2-4所示网络计划的计算工期为68天，仍大于计划工期。需要缩短的时间：$\Delta T_1 = 68 - 66 = 2$ 天，可压缩持续时间的关键工作（或关键工作组）铺料Ⅱ、压实Ⅲ、

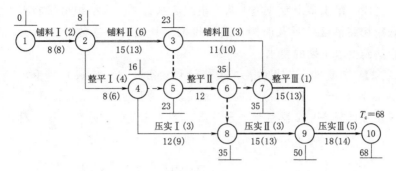

图3-2-4 堤身填筑施工进度计划的第二次优化

压实Ⅱ和整平Ⅲ，其优选系数分别为6、5、4（3＋1），其中关键工作组（压实Ⅱ和整平Ⅲ）优选系数最小，分别压缩压实Ⅱ、整平Ⅲ的持续时间各2天至最短持续时间13天，此时计算工期为66天，满足计划工期要求，最终工期优化如图3-2-5所示。

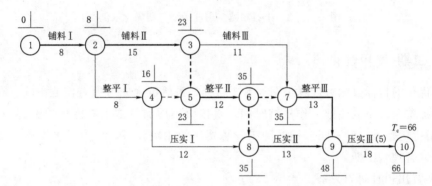

图3-2-5 堤身填筑施工进度计划的最终工期优化（单位：天）

（二）改变部分工作之间逻辑关系的工期优化原则与步骤

1. 优化原则

通过调整施工方案和（或）施工组织方式，改变部分关键工作之间的逻辑关系来缩短关键工作的持续时间达到工期优化目标，应优先考虑有作业空间、充足备用资源和增加费用最少的关键工作作为调整的对象。

2. 优化的步骤

（1）确定调整后的逻辑关系表，包括重新定义的工作名称及其工作持续时间，紧前（或紧后）工作等。

（2）根据调整后的逻辑关系表，绘制新的网络计划。

（3）计算新的网络计划的时间参数，确定新的计算工期。

（4）判定新的计算工期是否满足要求工期。

若能满足要求工期，工期优化过程结束；若不能满足要求时，可再次调整逻辑关系表，重复上述步骤（2）～（4），直到满足要求工期；也可以新网络计划为基础，采用不改变各项工作之间逻辑关系的工期优化方法进行。

改变部分工作之间逻辑关系的工期优化，在工程实践中也经常使用，如将施工区域划分为若干施工区段，组织多个专业施工队，组织流水施工；或组织搭接施工，绘制单代号网络计划，确定相关搭接关系及时距，按搭接网络计划时间参数计算方法，确定计算工期，判断是否达到要求工期的要求。

【例 3-2-2】 假定某土石坝的施工网络计划如图 3-2-6 (a) 所示，其计算工期为 60 天，要求工期为 45 天。采用将顺序施工方式改变为流水施工方式，进行工期优化。

解：土石坝可以划分施工段组织流水施工，将土石坝划分为 2 个施工段，在不增加资源投入情况下，组织流水施工，其优化方案如图 3-2-6 (b) 所示。

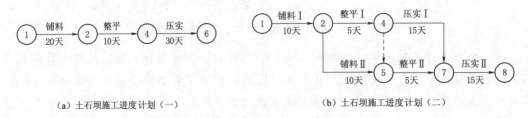

(a) 土石坝施工进度计划（一）　　　　(b) 土石坝施工进度计划（二）

图 3-2-6　土石坝施工进度计划工期优化示例

二、工期-费用优化

工期优化的目标以缩短计算工期为首要目标，虽然也优先考虑有作业空间、充足备用资源和增加费用最小的关键工作压缩时间，直接费用增加只是工期优化的引起必然结果。工期-费用优化是通过对不同工期时的工程总费用的比较分析，从中寻求工程总费用最低时的最优（合理）工期。

(一) 费用和时间的关系

1. 工程费用与工期的关系

水利工程的建筑及安装工程费由直接费、间接费、利润、材料补差和税金组成。其中间接费是按直接费或人工费的费率计算，利润是按直接费和间接费之和的 7% 计算，税金是指增值税销项税额。建安费与直接费和间接费关系最为密切，其占比也最大。通常情况下，直接费随着工期的缩短而增加，间接费随着工期的缩短而减少。为了研究工期-费用优化更便捷有效，约定工程总费用为直接费和间接费之和，工程费用与工期的关系如图 3-2-7 所示。

由于网络计划的工期取决于关键工作的持续时间，为了进行工期-成本优化，必须分析网络计划中各项工作的直接费与持续时间之间的关系，这是网络计划工期成本优化的基础。

2. 直接费与持续时间的关系

工作的直接费与持续时间之间的关系类似于工程直接费与工期之间的关系，工作的直接费随着持续时间的缩短而增加，如图 3-2-8 所示。为简化计算，工作的直接费与持续时间之间的关系被近似地认为是一条直线关系。当工作划分比较详细时，其计算结果还是比较精确的。

工作持续时间每缩短单位时间而增加的直接费称为直接费用率。直接费用率按式（3-2-2）计算如下：

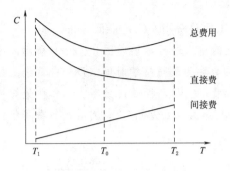

图 3-2-7 费用-工期曲线

T_0—合理工期；T_1—最短工期；T_2—正常工期

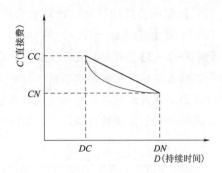

图 3-2-8 直接费-持续时间曲线

DN—工作的正常持续时间；CN—按正常持续时间完成工作时所需的直接费；DC—工作的最短持续时间；CC—按最短持续时间完成工作时所需的直接费

$$\Delta C_{i-j} = \frac{CC_{i-j} - CN_{i-j}}{DN_{i-j} - DC_{i-j}} \tag{3-2-2}$$

式中 ΔC_{i-j}——工作 i—j 的直接费用率；

CC_{i-j}——工作 i—j 按最短持续时间完成所需的直接费用；

CN_{i-j}——工作 i—j 按正常持续时间完成所需的直接费用；

DN_{i-j}——工作 i—j 的正常持续时间；

DC_{i-j}——工作 i—j 的最短持续时间。

从上述公式可以看出，工作的直接费用率越大，说明缩短该工作每单位的持续时间所需增加的直接费就越多；反之，将该工作每单位的持续时间所需增加的直接费就越少。

(二) 工期-费用优化方法

工期-费用优化，应计算出到不同工期下的直接费用，并考虑相应的间接费用的影响，通过叠加求出工程总费用最低时的工期。

双代号网络计划的工期-费用优化可按下列步骤进行：

(1) 按工作的正常持续时间确定关键工作、关键线路和计算工期。

(2) 计算各项工作的直接费用率。直接费用率的按式（3-2-2）计算。

(3) 当只有一条关键线路时，应选择直接费用率最小的一项关键工作，作为缩短持续时间的对象；当有多条关键线路时，应选择直接费用率之和最小的一组关键工作，作为缩短持续时间的对象。

(4) 选择一项（或一组）关键工作，若直接费用率（或直接费用率之和）不超过间接费用率，则总费用将减少（或不增加），故可缩短此项（或此组）关键工作的持续时间；若直接费用率（或直接费用率之和）大于间接费用率，则总费用将增加，此时应停止缩短关键工作的持续时间，在此之前的方案即为优化方案。

(5) 缩短关键工作的持续时间不能小于其最短持续时间，并且缩短持续时间的关键工作不能变成非关键工作。

(6) 计算相应增加的直接费用。

(7) 根据间接费的变化，计算总费用（C_i）。

(8) 重复上述（3）～（7）的步骤，计算到工程总费用（C_i）最低为止。

【例 3-2-3】 假定某堤防工程中的堤身填筑的施工进行计划如图 3-2-9 所示，图中箭线下方括为工作的正常持续时间（DN），括号内数字为最短持续时间（DC）；箭线上方括号外数字为工作按正常持续时间完成时所需的直接费（CN），括号内数字为工作按最短持续时间完成时所需的直接费（CC）。该工程的间接费用率为 0.8 万元/天，对其进行费用优化。

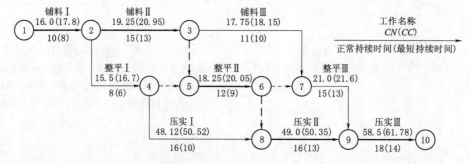

图 3-2-9 初始网络计划（费用单位：万元；时间单位：天）

【优化过程】

(1) 以图 3-2-8 中正常持续时间为准，计算工期为 71 天，关键线路为①→②→③→⑤→⑥→⑧→⑨→⑩，如图 2-47 所示。

(2) 计算各项工作的直接费用率：

$$\Delta C_{铺料 I}=\frac{17.8-16}{10-8}=0.9(万元/天)$$

$$\Delta C_{铺料 II}=\frac{20.95-19.25}{15-13}=0.85(万元/天)$$

$$\Delta C_{铺料 III}=\frac{18.15-17.75}{11-10}=0.4(万元/天)$$

$$\Delta C_{整平 I}=\frac{16.7-15.5}{8-6}=0.6(万元/天)$$

$$\Delta C_{整平 II}=\frac{20.05-18.25}{12-9}=0.6(万元/天)$$

$$\Delta C_{整平 III}=\frac{21.6-21.0}{15-13}=0.3(万元/天)$$

$$\Delta C_{压实 I}=\frac{50.52-48.12}{16-10}=0.4(万元/天)$$

$$\Delta C_{压实 II}=\frac{50.35-49.0}{16-13}=0.45(万元/天)$$

$$\Delta C_{压实 III}=\frac{61.78-58.5}{18-14}=0.82(万元/天)$$

(3) 计算工程总费用：

1) 直接费总和：$C_d = 16.0 + 19.25 + 17.75 + 15.5 + 18.25 + 21.0 + 48.12 + 49.0 +$

58.5＝263.37（万元）。

2）间接费总和：$C_i＝0.8×71＝56.8$（万元）。

3）工程总费用：$C_j＝263.37＋56.8＝320.17$（万元）。

初始网络计划关键线路及工期和直接费用率如图 3-2-10 所示。图中箭线上方括号内数字为工作的直接费用率。

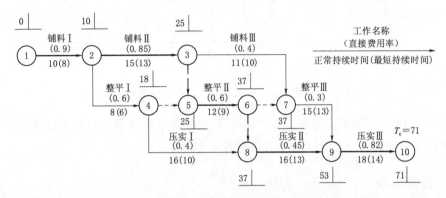

如图 3-2-10 初始网络计划关键线路及工期和直接费用率

由于铺料Ⅰ、铺料Ⅱ、压实Ⅲ的直接费用率均大于间接费用率，因此该三项工作不能作为压缩持续时间的对象。工期-费用优化压缩方案的选择与工期优化中的压缩方案选择相似，优先选择直接费用率（或直接费用率之和）最小的关键工作（或关键工作组）作为压缩对象。

采用表格方式说明工期-费用优化过程见表 3-2-1，其中总工期为 66 天时，总费用最低。施工进度计划（工期-费用优化过程）如图 3-2-11 所示。其中，压缩关键工作（或关键工作组）持续时间变化过程依次标注在相应的箭线下方，其他工作按正常持续时间标注在箭线下方。

表 3-2-1　　　　　工期-费用优化过程示例

压缩次数	备选压缩关键工作（组）方案及选择方案（√）	直接费用率（或直接费用率之和）/（万元/天）	直接费用率与间接费用率比较	缩短时间/天	总工期/天	直接费间接费总费用/万元
0	—	—	—	—	71	263.3 56.8 320.17
1	整平Ⅱ 压实Ⅱ（√）	0.6 0.45（√）	0.45＜0.8	1	69	263.3＋0.45＝263.75 56.8－0.8＝56 320.17－(0.8－0.45)＝319.82
2	整平Ⅱ（√） 压实Ⅱ、整平Ⅲ	0.6（√） 0.45＋0.3＝0.75	0.6＜0.8	1	68	263.75＋0.6＝264.35 56－0.8＝55.2 319.82－(0.8－0.6)＝319.62
3	整平Ⅱ、铺料Ⅲ 压实Ⅱ、整平Ⅲ（√）	0.6＋0.4＝1 0.45＋0.3＝0.75（√）	0.75＜0.8	2	66	264.35＋0.75×2＝265.85 55.2－0.8×2＝53.6 319.62－(0.8－0.75)×2＝319.52

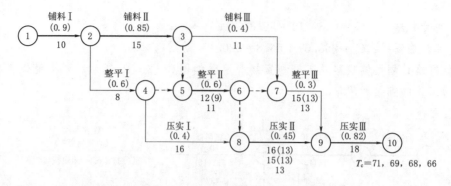

图 3-2-11 施工进度计划（工期-费用优化过程）

图 3-2-11 计算说明：某项工作的箭线下方有多个持续时间时，表示该项工作有多次被压缩持续时间，具体的优化过程可对照表 3-2-1。

三、资源优化

资源是指为完成一项计划任务所需投入的人力、材料、机械设备和资金等。由于受多种因素的制约，在一定时间内所能提供的各种资源量总是有一定限度的，不同时段对资源的需求也有较大差异，因此，就需要根据工期要求和资源的供需情况对网络计划进行调整。

一般情况下，网络计划的资源优化分为两种，即"资源有限，工期最短"的优化、"工期固定，资源均衡"的优化。

这里所讲的资源优化，其前提条件如下：

(1) 在优化过程中，不改变网络计划中各项工作之间的逻辑关系。

(2) 在优化过程中，不改变网络计划中各项工作的持续时间。

(3) 网络计划中各项工作的资源强度（单位时间所需资源数量）为常数，而且是合理的。

(4) 除规定可中断的工作外，一般不允许中断工作，应保持其连续性。

为简化问题，这里假定网络计划中的所有工作需要同一种资源，也就是每次资源优化仅针对同一种资源。

（一）"资源有限，工期最短"的优化

"资源有限，工期最短"是指由于某种资源的供应受到限制，致使工程施工无法按原计划实施，甚至会使工期超过计划工期，在此情况下应尽可能使工期最短来进行优化调整。

"资源有限，工期最短"的优化一般可按下列步骤进行：

(1) 根据初始网络计划，绘制时标网络计划或横道图，并计算出网络计划在实施过程中每个时间单位的资源需用量。

(2) 从计划开始日期起，逐个检查每个时段（资源需用量相同的时间段）资源需用量是否超过所供应的资源限量，如果在整个工期范围内每个时段的资源需用量均能满足资源限量的要求，则就可得到可行优化方案；否则，必须转入下一步进行网络计划的调整。

（3）分析超过资源限量的时段，如果在该时段内有几项工作平行作业，则采取将一项工作安排在与平行的另一项工作之后进行的方法，以降低该时段的资源需用量。

对于两项平行作业的工作 m 和工作 n 来说，为了降低相应的资源需用量，现将工作 n 安排在工作 m 之后进行，如图 3-2-12 所示。

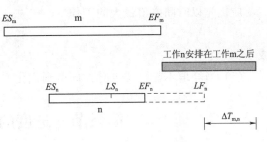

图 3-2-12　m、n 两项工作的排序

此时，网络计划的工期延长值 $\Delta T_{m,n}$ 按式（3-2-3）计算如下：

$$\Delta T_{m,n}=EF_m+D_n-LF_n=EF_m-(LF_n-D_n)=EF_m-LS_n \qquad (3-2-3)$$

式中　$\Delta T_{m,n}$——工作 n 安排在工作 m 之后进行时网络计划的工期延长值；

EF_m——工作 m 的最早完成时间；

D_n——工作 n 的持续时间；

LF_n——工作 n 的最迟完成时间；

LS_n——工作 n 的最迟开始时间。

这样，在有资源冲突的时段中，对平行作业的工作进行两两排序，即可得出若干个 $\Delta T_{m,n}$，选择其中最小的 $\Delta T_{m,n}$，将相应的工作 n 安排在工作 m 之后进行，既可降低该时段的资源需用量，又使网络计划的工期延长时间最短。

（4）对调整后的网络计划重新计算每个时间单位的资源需用量。

（5）重复上述步骤（2）～（4），直至网络计划整个工期范围内每个时间单位的资源需用量均满足资源限量为止。

（二）"工期固定，资源均衡"的优化

"工期固定，资源均衡"的优化是在保持工期不变的情况下，使资源分布尽量均衡，即在资源需用量的动态曲线上，尽可能不出现短时期的高峰和低谷，力求每个时段的资源需用量接近于平均值。

"削高峰法"进行"工期固定，资源均衡"优化的方法与步骤如下：

（1）计算网络计划每个"时间单位"资源需用量。

（2）确定削高峰目标，其值等于每个"时间单位"资源需用量的最大值减一个单位资源量。

（3）找出高峰时段的最后时间（T_h）及有关工作的最早开始时间（ES_{i-j} 或 ES_i）和总时差（TF_{i-j} 或 TF_i）。

（4）有关工作的时间差值（ΔT_{i-j} 或 ΔT_i）按式（3-2-4）、式（3-2-5）计算如下：

1）对双代号网络计划：

$$\Delta T_{i-j}=TF_{i-j}-(T_h-ES_{i-j}) \qquad (3-2-4)$$

2）对单代号网络计划：

$$\Delta T_i = TF_i - (T_h - ES_i) \qquad (3-2-5)$$

应优先以时间差值最大的工作（i'—j'或 i'）为调整对象，令

$$ES_{i'-j'} = T_h$$

或

$$ES_{i'} = T_h$$

(5) 当峰值不能再减少时，即得到优化方案。否则，重复上述步骤（1）～（4）。

第三节　进度的动态分析方法

在施工进度计划实施过程中，对工程实际进展情况进行检查，测量获得工程实际进展的数据与信息，将其进行整理，形成可与计划进度比较的数据，将实际进度与计划进度进行比较分析。这是进度控制中的重要环节。进度的动态分析方法有标图法、前锋线法、列表法、工程进度曲线法等。

一、标图法

标图法是指将检查时段内完成的工作项目用图或文字及时地标注到进度计划图（网络计划、横道图或形象进度图）上，并随时加以分析。这是一种常用的实际进度与计划进度比较分析的方法，简单且实用。

【例 3-3-1】　某水闸工程底板混凝土施工。某年 10 月至 11 月上旬采取一仓一检查方式，采用标图法检查及分析示例如图 3-3-1 所示。

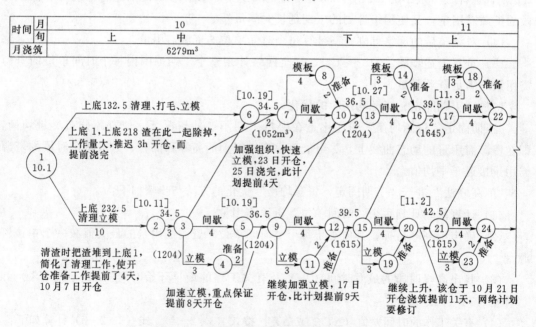

图 3-3-1　某水闸工程标图检查分析示例

【例 3-3-2】　某工程箱涵底板进度计划用横道图表示，在进度计划标注进度检查情况。截至第 9 周末的实际进度、计划进度标注如图 3-3-2 所示。

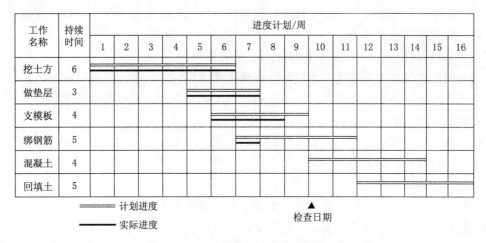

图 3-3-2 横道图的标注进度检查示例

二、前锋线法

前锋线法是基于施工进度计划用时标网络计划表示,在工作箭线标注检查时刻各项工作的实际进度位置,并用线段依次连接检查时刻时间坐标点、各工作标注的实际进度位置,形成的折线称为前锋线,前锋线上各项工作实际进度点与检查时刻时间坐标值比较,判断各工作实际进度是否出现偏差,若有偏差,进一步判断该偏差对后续工作及计划工期的影响程度。

(一)绘制前锋线

1. 工作实际进度位置点的标定

(1) 用已完成的工程量占总工程量的比例来标定。若某项工作基本是匀速施工的,计算该工作检查时刻已完成的工程量占总工程量的比例,并在该工作箭线上的开始节点起,从左到右按上述比例用点标注,作为实际进度位置点。

(2) 按未完成工程量尚需时间来标定。若某项工作是非匀速施工,用已完成的工程量占总工程量的比例来标定,实际进度的数据不够准确。根据现有施工条件,估算该工作完成剩余工程量需要的时间,并在该工作实箭线的末端起,从右到左按此时间用点标注,作为实际进度位置点。

2. 前锋线的绘制

一般从时标网络计划图上方时间坐标的检查日期开始,依次用线段连接相邻工作的实际进度位置点,最后与时标网络计划图下方坐标的检查日期相连接形成的折线。

(二)比较实际进度与计划进度

前锋线在反映实际进度与计划进度之间的比较时,其结果为以下三种情形之一:

(1) 当工作实际进度位置点落在检查日期坐标点的左侧,表明该工作实际进度延误,延误的时间为两者时间的差值。

(2) 工作实际进度位置点与检查日期坐标点重合,表明该工作实际进度与计划进度一致。

(3) 工作实际进度位置点落在检查日期坐标点的右侧，表明该工作实际进度提前，提前的时间为两者时间的差值。

(三) 分析进度延误对后续工作及计划工期的影响

通过实际进度与计划进度的比较，当出现进度延误时，分析此进度延误与总时差和自由时差之间关系，判断该延误对后续工作和计划工期的影响。分析判断进度延误对计划工期和后续工作影响的方法如下：

(1) 当出现延误的工作为关键工作时，则影响计划工期，工期延误时间为延误值。

(2) 当出现延误的工作为非关键工作时，若延误值大于总时差，则影响计划工期，工期延误时间为延误值与总时差的差值。

(3) 当出现延误的工作为非关键工作时，若延误值小于总时差且大于自由时差，则对计划工期没有影响，而对后续工作的进度安排有影响。

(4) 当出现延误的工作为非关键工作时，若延误值小于自由时差，则对计划工期和后续工作都没有影响。

【例3-3-3】 某工程时标网络计划如图3-3-3所示。该计划执行到第6周末检查实际进度时，发现工作A和工作B已经全部完成，工作D、工作E分别完成计划总任务量的20%和50%，工作C尚需3周完成，请用前锋线法进行实际进度与计划进度的比较，并分析对计划工期和后续工作的影响。

解： 根据第6周末实际进度的检查结果，工作D持续时间为5周，5周的20%为1周，即实际进度位置点为第4周末；工作E的持续时间为2周，2周的50%为1周，即实际进度位置点第5周末，工作C的计划完成时间为第7周末，实际进度位置点为第4天周末。将检查结果确定的实际进度点标注在图3-3-3上，该图中的点划线为第6周末的前锋线。

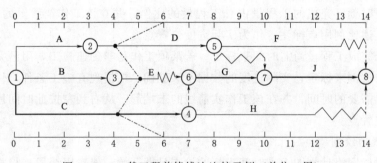

图3-3-3 某工程前锋线法比较示例（单位：周）

根据图3-3-3中的前锋线，判断第6周末相关工作进度是否延误，并分析对计划工期和后续工作的影响。

(1) 工作D进度延误2周，工作D的总时差为1周，影响计划工期1周。

(2) 工作E进度延误1周，工作E的自由时差为1周，既不影响计划工期，也不影响其后续工作进度安排。

(3) 工作C实际进度延误2周，工作C是关键工作，影响计划工期2周。

综合上述，工作C、工作D、工作E的进度延误将影响计划工期2周。

三、列表法

列表法一般用于非时标网络计划，是用表格方式记录检查时刻的检查数据，并将计算分析结果填入相应的栏中，形成实际进度与计划进度比较分析结果，如表3-3-1～表3-3-4所示的形式。

表3-3-1　　　　　　施工进度控制表（一）——关键工作控制表

工作编号	工作的节点代号	关键工作名称	工作量	紧后工作	计划时间				实际完成			预计完成时间			工程形象及大事记	存在问题及措施	负责单位
					开始时间			结束时间	开始时间	完成工作量	消耗时间	时间					
					年	月	日	年 月 日				年	月	日			

表3-3-2　　　　　　施工进度控制表（二）——阶段性目标点控制表

阶段性目标工作	阶段性目标节点号	紧前工作	紧后工作	关键工作	阶段性目标最早时间			阶段性目标控制时间			阶段性目标实现标准	问题及措施	管理者
					年	月	日	年	月	日			

表3-3-3　　　　　　施工进度控制表（三）——非关键工作管理表

工作编号	工作的节点代号	非关键工作名称	工作量	资源需要量	紧后工作	最早开始时间			最早结束时间			工作总时差	自由时差	实际完成				负责单位
						年	月	日	年	月	日			开始时间	完成工作量	消耗时间	总机动时间	
														年 月 日				

表3-3-4　　　　　　施工进度控制表（四）——总网络计划与分网络计划关系表

总网络计划							分网络计划								
工作节点代号	工作名称	开始时间			结束时间			分网络计划编号	分网络计划名称	工作节点代号	最早开始时间			最迟结束时间	自由时差
		年	月	日	年	月	日				年	月	日	年 月 日	

列表法进行实际进度与计划进度的比较分析的其步骤如下：

（1）计算对非时标施工网络进度计划各项工作的时间参数，并将其填入其中上述表格栏目中，即记录了进度计划的基本情况。

（2）收集整理汇总进度检查时刻的实际进度的数据及相关资料，如工作实际开始量时间、已完成工程量、预计完成时间（未完成工程量尚需时间）等。

（3）比较分析结果以存在的问题与措施、工程形象及大事记方式呈现。

四、工程进度曲线法

工程进度曲线法是以工程进度曲线为基础，比较累计计划完成量和累计实际完成工程量,判断进度的进展情况。即以横坐标表示时间,纵坐标表示累计完成任务量,在同一坐标系中,绘制累计计划完成任务量曲线和检查时刻累计实际完成任务量的曲线,进行实际进度与计划进度的比较。工程进度曲线可表示整个工程项目,也可表示某项(或类型)工作。

工程进度曲线法绘制、比较分析的步骤如下:

(1) 根据其进度检查时间一般频次,计算可能的检查时刻累计计划应完成任务量,并将此数据标注工程进度曲线的坐标系中,依次用线段连接各标注点,形成可能检查时刻的累计计划完成任务量曲线。可在实施前绘制累计计划完成任务量曲线。

(2) 通过收集整理汇总实际进度的数据,形成每个检查时刻累计实际完成任务量并标注在工程曲线的坐标系中,将实际进度的标注点有线段连接起来,形成累计实际完成任务量曲线。

(3) 根据累计实际完成任务量曲线与累计计划完成任务量曲线的位置关系进行比较,可分析检查时刻实际进度比计划进度延误(或提前)的时间,实际完成比计划完成拖欠(或超额)的累计任务量。还可预测在某种条件下,后续工程进展情况。

工程进度曲线法如图3-3-4所示。

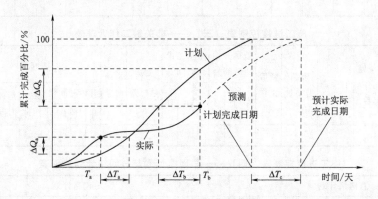

图3-3-4 工程进度曲线

ΔT_a—T_a时刻实际进度超前的时间;ΔQ_a—T_a时刻超额完成的任务量;

ΔT_b—T_b时刻实际进度拖后的时间;ΔQ_b—T_b时刻拖欠的任务量;

ΔT_c—工期拖延预测值

【例3-3-4】 某水利工程混凝土浇筑工程进度曲线如图3-3-5所示。

【问题】

1. 根据图3-3-5,指出计划工期、实际开工时间。

2. 分别比较分析第40天末、第120天末,实际进度比计划进度提前(或延误)的天数,超额(或拖欠)的累计工程量。

3. 指出实际进度何时与计划进度相同时,累计工程量达到多少?

解:

1. 计划工期为200天,实际开工时间为第20天末。

2. 第40天末,实际进度比计划进度延误了20天(40-20),拖欠10%(20%-

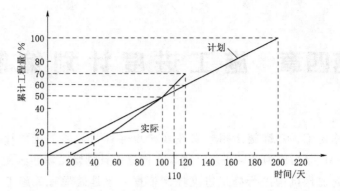

图 3-3-5　某水利工程混凝土浇筑工程进度曲线图

10%）累计工程量。

第 120 天末，实际进度比计划进度提前了 10 天（120－110），超额完成 10%（70%－60%）累计工程量。

3. 第 100 天末实际进度与计划进度相同，累计工程量达到 50%。

第四章 施工进度计划编制

根据《水利水电工程标准施工招标文件（2009年版）》，施工进度计划由承包人负责编制，经监理机构审批后成为合同进度计划，合同进度计划既是承包人组织建设工程实施的重要文件，也是监理机构进行施工进度控制依据，还是处理有关施工合同事项的重要依据。

第一节 施工进度计划编制

依据《工程网络计划技术规程》（JGJ/T 121—2015），施工进度计划编制可分为四个阶段：准备阶段、项目工作分解结构、拟定施工进度计划、检查调整上报施工进度计划。

一、准备阶段

在施工进度计划编制之前，进行调查研究，收集整理与编制施工进度计划所需资料数据，分析影响施工进度的因素，确定进度计划目标。

（一）调查研究

调查研究就是深入现场进行考察，以探求客观事物的真相、性质和发展规律的活动，它是人们认识社会、改造社会的一种科学方法。在建设工程领域调查研究包括常用的方法和内容。

1. 调查研究常用的方法

（1）实际观察、测量与询问。

（2）会议调查。

（3）阅读资料。

（4）计算机（信息）检索。

（5）预测与分析。

2. 调查研究的内容

准备阶段调查研究主要是收集整理分析编制施工进度计划的依据资料，可参考本书第二章第三节相关内容，以及影响施工进度的因素，可参考本书第一章第二节内容，为编制施工进度计划提供基础性资料。

（二）确定进度计划目标

1. 施工进度计划目标

施工进度计划目标主要包括：时间目标、时间-资源目标、时间-费用目标。

时间目标是指建设工程实施过程中的约束时间，一般包括建设工程合同工期（含开工、竣工或完工）、重要关键节点（阶段性目标）等。

时间-资源目标是指与时间目标相对应各阶段的资源需要。

时间-费用目标是指与时间目标相对应各阶段需投入的资金。

2. 目标确定

目标确定是项目描述的过程，其主要任务是描述项目名称、项目内容、项目质量、工期等目标、重要关键节点等，可用工程概况方式明确。目标确定是项目工作分解结构的前提。某排涝泵站工程概况见表4-1-1。

表4-1-1　　　　　　　　　　某排涝泵站工程概况

项目名称	某排涝泵站工程
工期目标	计划2020年10月19日开工，2022年3月29日完工，总工期527日历天
质量目标	工程质量合格
工程投资	初步设计批复概算6900万元
主要设计指标	排涝流量$35m^3/s$，灌溉流量$8m^3/s$，为中型泵站，工程等别为Ⅲ等，主要建筑物级别为3级，总装机功率1800kW
主要建设内容	进口连接段、拦污闸、前池、泵室、压力水箱、穿堤涵及防洪闸、出口连接段、……
主要工程量	土方开挖7.9万m^3，土方回填6.7万m^3；钢筋制安1028t；混凝土$1.3m^3$；主副厂房及启闭机房$1830m^2$；闸门安装18扇……
重要关键节点	2021年4月30日前，工程具备挡水条件……

二、项目工作分解结构

承包人依据施工合同以及监理人的施工进度计划编制要求（含工作分解结构的要求）、相关技术标准，结合合同工程确定的施工程序和施工方法，采用工作分解结构的方法、遵循工作分解结构编制的要求，通过百分之百、逐渐明细过程对合同工程的全部建设内容进行工作分解结构。分解详细程度可以用分解的层级表示，应符合施工单位及参建各方的需求，工作分解结构可选择合适的表示形式。

合同工程的工作分解结构应有利于施工进度计划中逻辑关系的表达，以及施工进度的实施与控制。

例如，某排涝泵站工程二个层级的工作分解结构（大纲式）见表4-1-2。该泵站工程三个层级工作分解结构（表格式）见表4-1-3，该泵站工程三个层级工作分解结构（图形式）如图4-1-1所示。

表4-1-2　　　　　　　某泵站工程工作分解结构示例（大纲式）

编码	工作名称	编码	工作名称
01	泵站	0104	泵室
0101	围堰填筑及降排水	0105	压力水箱
0102	基础开挖	0106	出口连接段
0103	防洪闸及穿堤涵	……	……

表 4-1-3 某泵站工程三个层级的工作分解结构（表格式）

第一层级	第二层级	第三层级
泵站	围堰填筑及降排水	
	基础开挖	
	防洪闸及穿堤涵	底板、闸墩、排架、工作桥、……
	泵室	流道层、水泵层、联轴器层、电机层
	压力水箱	
	出口连接段	
	……	……

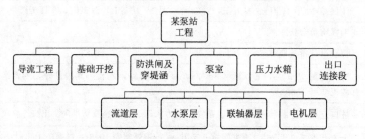

图 4-1-1 某泵站工程三个层级的工作分解结构（图形式）

三、拟定施工进度计划

拟定施工进度计划的步骤划分为 4 个步骤：分析确定逻辑（或搭接）关系、估算工作的持续时间、编制工作明细表、绘制施工进度计划并确定关键线路。

（一）分析确定逻辑（或搭接）关系

1. 逻辑关系确定的依据

确定逻辑关系的主要依据包括：建设工程施工技术方案、工作分解结构成果、有关资源供应情况。

2. 分析逻辑关系的要素

分析各项工作之间的逻辑关系时，既要考虑各项工作之间工艺过程或工作程序的强制性要求，又要考虑组织安排或资源调配的选择性要求；还要考虑受外部环境的影响。作为施工进度计划编制基础，分析工作之间的逻辑关系应考虑的要素包括：

(1) 施工方法。

(2) 施工资源（劳动力、材料、施工设备）配置情况。

(3) 施工组织要求。

(4) 施工质量要求。

(5) 工程所在地的气候条件。

(6) 安全技术要求等。

3. 分析逻辑关系步骤

(1) 确定每项工程（工序）的紧前（或紧后）工程（工序）与搭接关系。

(2) 完成工程（工序）之间逻辑关系分析表，见表 4-1-4。

表 4-1-4　　　　　　　　　　工作之间逻辑关系分析表

工作编码	工作名称	紧前（或紧后）工作	搭接关系	
			相关关系	时距

例如，某泵站工程施工层之间的逻辑关系分析见表 4-1-5，水泵层施工工序之间的逻辑关系表见表 4-1-6。

表 4-1-5　　　　　　　某泵站工程施工层之间逻辑关系分析表

工程编码	工程名称	紧前工程
01	基础开挖	—
02	流道层施工	基础开挖
03	水泵层施工	流道层
04	联轴器层施工	水泵层
05	电机层施工	联轴器层
06	主副厂房框架结构施工	电机层

表 4-1-6　　　　　　　　水泵层施工工序之间逻辑关系表

工序编码	工序名称	紧前工序
0301	基础面或施工缝处理	—
0302	钢筋、预埋件（止水、伸缩缝等）、模板制作及安装	基础面或施工缝处理
0303	混凝土浇筑（含养护、脱模等）	钢筋、预埋件（止水、伸缩缝等）、模板制作及安装
0304	外观质量检查	混凝土浇筑（含养护、脱模等）

水利工程中专业工程施工工艺流程可参考本书第二章第二节中专业工程施工组织。

(二) 估算工作的持续时间

1. 工作持续时间的估算

(1) 工程量的估算。

根据设计图纸（含招标图纸）、施工合同中的工程量清单，可以从中获取拟建项目逻辑关系表中各项工作的工程量估算值。

估算工程量应注意以下几个问题：

1) 各分部工程的计量单位应与采用的定额（或工程量清单）的计量单位一致，以便计算劳动力、材料、机械数量时直接套用定额，尽量减少换算。

2) 结合各分部工程的施工方法和技术要求计算工作量。

3) 结合施工组织的要求，按已划分的施工分层分段分项计算工程量。

(2) 按定额估算法估算工作的持续时间。

按定额估算法是依据工作的实物工程量和相应定额标准计算持续时间的方法，按式（4-1-1）计算。

$$D=\frac{Q}{R\times S} \quad (4-1-1)$$

式中 D——工作的持续时间；
   Q——实物工程量；
   R——资源数量；
   S——工效定额。

在分部工程的各项工作中，可根据工程量、施工设备台班产量定额、准备投施工设备数量计算。

【例 4-1-1】 某泵站基础开挖工程量为 7.89 万 m^3，采用挖掘机开挖，准备投入 $1m^3$ 挖掘机 5 台，挖掘机每台班开挖约 $800m^3$，每天按 1 个台班，每月按 24 天计。估算泵站基础开挖的持续时间（单位：日历天）。

解：

$$D=\frac{78900}{5\times 1\times 800}\div 24\times 30=24.66\approx 25(日历天)$$

（3）"三时估计法"估算工作持续时间。

由于拟建工程采用的新技术、新工艺，或施工单位在以往施工中未采用过的施工技术和工艺，缺乏经验，没有可借鉴的工效定额；或者施工条件较以往类似工程更为复杂，以往工程的工效定额与实际情况相关较大。此时可参考以往类似工程的历史数据，结合拟建工程实际，评估不确定因素和风险，估算在最顺利、最可能、最困难等三种情况下工作的持续时间，最乐观（最短）估计时间，最可能估计时间，最悲观（最长）估计时间，"三时估计法"实质上是用上述三个估计时间的加权平均值作为工作持续估计值。

"三时估计法"按式（4-1-2）计算。

$$D=\frac{a+4m+b}{6} \quad (4-1-2)$$

式中 D——期望持续时间的估计值；
   a——最乐观（最短）估计时间；
   b——最悲观（最长）估计时间；
   m——最可能估计时间。

（三）编制工作明细表

在确定逻辑关系、工作持续时间估算的基础上，对工作分解结构中的每项工作进行登记汇总，编制工作明细表，见表 4-1-7，工作明细表是绘制施工进度计划的基础数据。例如，某排涝泵站工程的工作明细表（部分）见表 4-1-8。

在项目（或工作）的工程量保持不变的情况下，该项目（或工作）资源需求计划与其持续时间，互为条件、互为结果。即当确定准备投入的施工设备数量的情况下，按式（4-1-1）可估算工作的持续时间，反过来，若因进度安排有要求，即项目（或工作）持续时间已确定，可通过式（4-1-1）推算出施工设备需要投入的数量，因此资源需求计划与持续时间确定先后顺序，应与施工现场的条件和可能配置资源联系起来。

表 4-1-7　　　　　　　　　　工 作 明 细 表

工作编码	工作名称	工作量		持续时间	紧前工作	资源								成本	工作描述
						人力			材料			施工设备			
		工程量	m³			管理人员	工长	普工	材料1	材料2	…	设备1	设备2	…		

表 4-1-8　　　　　　　某排涝泵站工程工作明细表（部分）

工作编码	工作名称	工程量	持续时间	紧前工作	资源			成本	工作描述
					人力	材料	施工设备		
01	基础开挖	78900m³	25天	围堰填筑及降排水	30人	—	5台1m³挖掘机、25台10t自卸车、2台74kw推土机	94.68万元	挖掘机开挖基坑土、自卸汽车运土、推土机平整土
	……								

（四）绘制施工进度计划并确定关键线路

根据工作明细表提供的相关数据，选用合适的施工进度计划表示方法，运用专业的项目管理系统完成网络计划（或横道图）的绘制、时间参数的计算、关键线路和工期的确定。常用的项目管理系统，一般是将工作明细表的内容作为绘制施工进度计划的基本数据输入系统，系统可按用户的需求以网络计划、横道图等方式表示施工进度计划。网络计划的时间参数和关键线路都可在施工进度计划中明确表示出来。有些项目管理系统，在横道图的基础上，用竖线连接紧前（或紧后）工作，表示两项工作之间的逻辑关系，以此解决横道不能在图上明确表达工作之间逻辑关系的问题。例如，某排涝泵站工程施工进度计划（横道图）如图 4-1-2 所示。

项目管理系统通常可以根据施工进度计划可分类汇总统计，形成月、季、年的资源需要计划。

四、检查调整上报施工进度计划

一般在确定其逻辑关系和持续时间的基础上，拟定施工总进度计划，可能出现逻辑关

某排涝泵站施工总进度计划. mpp

序号	任务名称	工期/天	开始日期	完成日期
1	围堰填筑及降排水	20	2020-10-19	2020-11-07
2	基础开挖	30	2020-11-08	2020-12-07
3	防洪闸及穿堤涵	80	2020-11-15	2021-02-02
4	泵室	155	2020-12-08	2021-05-11
5	压力水箱	100	2020-12-23	2021-04-01
6	出口连接段	90	2021-01-08	2021-04-07
7	金属结构及启闭机安装（防洪闸）	30	2021-02-18	2021-03-19
8	土方回填（防洪闸段）	60	2021-02-22	2021-04-22
9	主副厂房框架结构	150	2021-05-12	2021-10-08

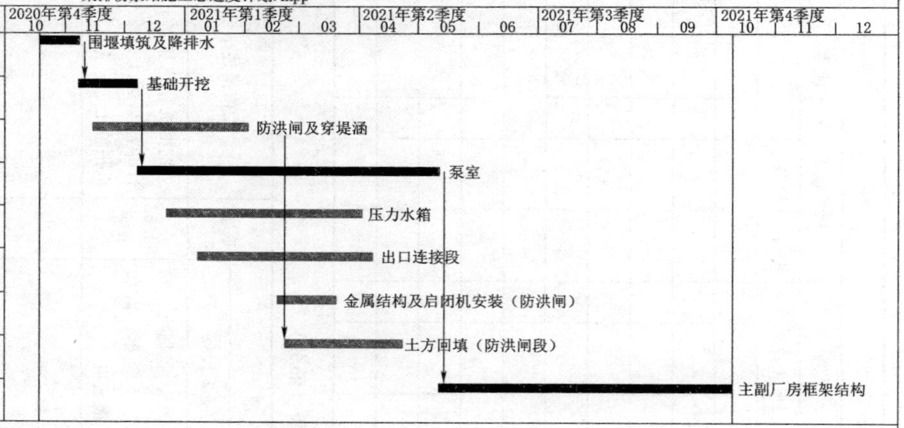

项目：Z泵站施工总进度计划. mpp
日期：2024-10-24

关键线路 非关键线路

图 4-1-2 某泵站工程施工进度计划（横道图）

系不完全正确、持续时间估算不够准确等情况,同时以表格方式表示逻辑关系,不够直观,出现的错误不容易被发现。为保证施工进度计划逻辑关系的正确性、时间安排的合理性、资源调配的均衡性、工期进度目标的实现,承包人应对拟定的施工进度总计划进行反复检查评估、调整与优化工作。

(一) 检查评估的内容

1. 施工总进度计划的基础数据是否准确、逻辑关系是否正确

(1) 逐项检查各项目(或工作)内容是否完整,有无遗漏、重复。

(2) 工作之间的逻辑关系(紧前、紧后工作及搭接关系)是否正确。

(3) 各项目(或工作)的工程量、持续时间、资源配置等的估计值是否准确。

2. 施工总进度计划是否满足工期目标与重要关键控制节点的要求

(1) 计算工期是否满足合同工期要求。

(2) 拟建项目的关键控制节点时间是否满足施工合同中阶段性目标要求,如导流工程的完成时间是否满足截流时间的要求。

(3) 交付成果的计划时间是否达到合同约定的目标要求,如首台发电机组所有设备的安装完成的时间是否满足合同约定的发电时间要求。

(4) 因外界因素影响,必须在特定时间开始(或完成)相关工作的进度计划是否满足目标要求,如堤防工程在汛前能否填筑设计要求的高程,满足安全度汛的要求。

3. 施工进度计划所需的资源过程是否可行与合理

(1) 比较每个时段(月、季、年)的资源(原材料和中间产品、工程设备、施工设备及人员)需求量与供应量是否相匹配。

(2) 施工现场临时设施、交通道路等条件是否满足施工要求。

(3) 在资源需求总量满足要求情况下,分析资源需求过程分配是否均衡。

4. 施工进度计划是否与保证计划相协调

施工进度计划与保证计划相辅相成,施工进度计划组织实施依赖各项保证计划的落实。保证计划主要包括资金计划、劳动力供应计划、施工设备使用计划、原材料供应计划、施工图供应计划、征地拆迁与移民安置计划、工程验收计划、场地与道路使用计划等。分析判断各保证计划是否与施工进度计划相协调,当出现不协调的情况,可通过调整某些保证计划来满足施工进度计划要求,当某些保证计划因条件限制不可调整时,则需要调整施工进度计划。另外还要分析判断其与本工程有关联其他标段工程的施工进度计划是否协调。

5. 施工进度计划中采用的技术方案是否可行

(1) 根据作业技术要求、作业条件,分析所采用的技术方案是否可行。

(2) 从各项工作的工程量、机械台班定额、生产效率、人员安排、施工工艺等方面,分析所采用的技术方案是否满足施工计划进度要求。

6. 施工进度计划按期完成的可能性

分析施工进度计划实施中存在的不确定因素和风险,评估这些因素和风险对施工进度计划实施的影响,做好应对风险影响的准备。例如:由于不利物质条件、异常恶劣的气候

条件和不可抗力等因素和风险对施工进度计划的影响，要制定防范和应对风险的措施，如对发生进度延误风险较大的项目（或工作），在时间安排上留用余地。在特殊的时段（如汛期、冬季、雨季）的项目（或工作）在时间安排上充分考虑不利因素的影响。在施工进度计划，防范和减少不利影响。另外，关键工作是完成情况直接关系到合同工期实现的可能性，因此保障关键工作按期完成的条件至关重要。

其他施工进度计划，如单位工程（或分部工程）进度计划，年、季、月进度计划的拟定可按上述步骤进行，在施工进度计划控制范围内进行评估和调整。

（二）修正优化施工进度计划

根据检查评估的结果，对拟定的施工进度计划进行修正和优化。其优化方法可参照第三章中网络计划优化原理和方法。最终形成满足施工进度计划目标和约束条件的施工进度计划。承包人应按监理人要求编制施工进度计划及相关文件，使得施工进度计划的内容及表示方式、相关文件内容均符合施工合同和监理人的要求。

（三）编制报送监理机构的施工进度计划

根据《水利水电工程标准施工招标文件（2009年版）》，承包人按合同约定或监理人指示，编制并上报施工总进度计划（合同进度计划）、单位工程进度计划、分部工程进度计划、专项进度计划等，年（季、月）施工进度计划等，同时还需提供其说明。说明的主要内容包括：施工技术方案、施工场地情况、道路使用的时间和范围、资源配置情况、措施计划落实情况等，需发包人提供的临时工程辅助设施的使用计划。说明资料是监理人审查施工进度计划符合性与响应性、可行性和正确性、合理性与协调性等的依据。

承包人应按合同约定和监理人的指示，在编制施工进度计划的同时，完成相关资料的编制，形成完整的施工进度计划书面报告，按相关报送程序和要求一并上报。

监理人收到承包人编制的施工进度计划和相关资料后，应在施工合同约定的期限内进行审批，经审批的施工进度计划（合同进度计划）是承包人组织实施的依据，也是监理人进行进度控制的依据、处理进度（工期）延误或提前事项的依据。

第二节　典型水利工程施工进度计划编制

本节选取来源于6个水利工程实际案例，以此介绍水闸工程、泵站工程、混凝土重力坝工程、堤防工程、水工隧洞工程、输水管道工程等典型水利工程的施工进度计划编制过程。

一、水闸工程

水闸是一种利用闸门挡水和泄水的低水头水工建筑物，多建于河道、渠系及水库、湖泊岸边。关闭闸门，可以拦洪、挡潮、抬高水位以满足上游引水和通航的需要；开启闸门，可以泄洪、排涝、冲沙或根据下游用水需要调节流量。水闸在水利工程中应用十分广泛。下面结合实际工程案例，概括介绍水闸工程的施工进度计划编制。

（一）准备工作

1. 工程概况

某水闸工程位于长江下游地区，闸室分3孔布置，每孔净宽12m，工作闸门为平面直升式钢闸门，卷扬式启闭机，配套电气及自动化控制设备。设计排涝流量 270m³/s，校核排涝流量 517m³/s，设计引水流量 117m³/s，主要功能为防洪、排涝、水资源调度及改善区域水环境。

闸底板四周及上下游侧翼墙底板前趾布置防渗墙形成密封，防渗墙设计为 ϕ800mm 三轴套打水泥土搅拌桩防渗帷幕；闸室、上下游翼墙等主体结构地基基础采用 MC 芯劲性复合桩进行地基处理。

闸室下游侧布置交通桥与堤防道路连接，桥面总宽 8.0m。

闸室上下游均设钢筋混凝土消力池，灌砌块石护坡、护底以及抛石防冲槽等。

2. 确定进度计划目标

合同工期：2022 年 8 月 10 日开工，2023 年 5 月 1 日前具备通水验收条件，2023 年 8 月 10 日具备合同工程完工验收条件。总工期 366 日历天。

3. 影响因素分析

（1）潮汐影响。

该工程位于长江下游地区，在施工截流阶段，施工围堰的合龙受涨落潮影响较大，合龙时抢在涨退潮流量较小的低潮位阶段进行。错过一次低潮，将再等半个月。

（2）重要关键控制节点。

每年 5 月 1 日长江流域进入主汛期，该工程合同工期中约定的 2023 年 5 月 1 日前具备通水验收条件，即要求在主汛期之前应当完成闸室主体、闸门启闭机安装、上下游引河段等水下部分。

（3）技术间歇时间的影响。

在水闸施工过程中，由于某些施工过程完成后，后续施工过程不能立即投入施工，必须有足够的技术间歇时间，是编制施工进度计划时应予以充分考虑的影响因素。比如：桩基养护应达到设计强度的 70% 上时，方可进行基槽土方开挖；启闭机工作桥（跨度 $L>8m$）的承重模板及支架拆除时，混凝土强度需达到 100%；建筑物墙后回填土，宜在建筑物强度达到设计强度的 70% 后施工等。

（4）质量检验、试验的影响。

在施工过程中需进行相应专项质量检验、试验工作，在编制施工进度计划是应充分考虑其持续时间。如地基基础处理及防渗帷幕，在施工前应进行成桩工艺试验，确定施工参数，桩基施工完成 28 天后，应进行地基承载力静载荷试验和单桩静载荷试验；水泥搅拌桩防渗帷幕应在成墙后 14 天进行钻芯取样检查和注水试验；建筑物墙后回填前应通过碾压试验确定相关施工参数；此外，还有如平面钢闸门静平衡试验；启闭机空载运行试验；闸门、启闭机联合运行试验、电气设备接电试验等。

（5）设备及外购件供应的影响。

工程所需的闸门、启闭机、电气及自动化设备、监测设备以及预制桥梁板等设备及外购件，需在专业工厂内加工制造完成，再运抵工程现场安装、调试。因此，设备及外购件的加工制造进度应满足施工总进度计划的要求，否则将会对施工进度产生严重影响。

（6）主要工作之间的制约。

处于闸室中心的闸底板及其上部的闸墩、胸墙和桥梁，层次较多、工作量较集中，占用工期较长，混凝土浇完后，进行埋件安装、闸门、启闭机安装等工序，因而必须集中力量优先进行。

邻接两岸挡土墙的消力池、铺盖等部位，要尽量推迟到翼墙（或挡土墙）施工完成并回填到一定高度后再开始浇筑，以减轻边载荷影响而造成消力池、铺盖混凝土边缘部位开裂。其他如铺盖、消力池、翼墙等部位的混凝土，则可穿插其中施工，以利施工力量的平衡。

闸门及启闭机等重型设备安装应充分考虑的进场运输通道和现场拼装、起重吊装场地等现场施工条件，如利用上游或下游连接段的河底部分作为通道和场地，则可能导致护底、护坦、消力池、铺盖等部位的施工进度受到闸门及启闭机安装进度的制约。

电气及自动化设备进场应满足的条件：安装场地的屋顶、楼面、墙体、门窗等均以施工完毕，并且无渗漏；有可能损坏设备或安装后不能进行施工的装饰工作应全部结束；室内地面基层施工完毕；预埋件、预留孔的位置和出厂符合要求，预埋件埋设牢固。

4. 施工部署

（1）土方施工尽量考虑就近挖填结合，即满足回填土质量要求的土料就近堆放于上下游围堰内侧，以用于后期的土方回填，对于不能用于回填和多余的土方，及时弃运指定地点。

（2）基坑开挖施工完成后，将劲性复合桩与三轴水泥土搅拌桩防渗帷幕同步组织施工，合理划分施工区段，再在各施工区段中规划好两种桩型的施工先后顺序，以空间换时间，提高质量缩短施工工期。

（3）本工程的混凝土主要集中在闸室及上下游翼墙和消力池，混凝土工作量大、施工层次多、施工强度高，相邻块之间的施工相互制约。应依据水闸结构特点，应将工序多、施工持续时间长的闸室优先安排施工，上下游翼墙、消力池、护坦、海漫、铺盖、护底护坡等部位可组织平行作业，穿插施工。

（4）启闭机工作桥模板支撑系统需搭设满堂脚手架，在闸墩与排架施工时，考虑将满堂脚手架随闸墩、排架施工同步上升，兼做闸墩、排架部位的施工脚手架，避免重复搭设节约工期。启闭机工作桥作为闸门和启闭机的主要承载结构，需待其强度达到设计要求后才能拆除承重模板。计划在2023年春节前必须将启闭机工作桥浇筑完成，把混凝土强度的技术等待时间放在春节期间，减轻春节对工期的影响。

（5）闸门与启闭机起重吊装考虑从上游侧的护底部位作为运输通道，利用上游铺盖部位作为闸门现场拼装及起重吊装场地；交通桥桥板起重吊装考虑利用下游侧的护坦部位作为运输通道，利用上游铺盖部位作为桥板起重吊装场地，因此，计划将上下游护底（护坦）分块施工，预留中间部位作为交通通道及拼装场地，待起重吊装工作完成后再施工。

（二）项目工作分解结构

工程项目划分为1个单位工程，土方开挖、地基基础处理及防渗帷幕、闸室段、闸门及启闭机安装、闸房、电气及自动化、上游引河段、下游引河段、交通桥、附属工程10个分部工程。工作分解结构及主要工程量见表4-2-1。

表 4-2-1 工作分解结构及主要工程量表

第一层级	第二层级	第三层级	主要工程量
某水闸工程	土方开挖	闸室段、上下游引河段土方开挖	闸室土方开挖 22048m³；上下游引河段土方开挖 44600m³
	地基基础处理及防渗帷幕	地基处理采用 MC 芯劲性复合桩；防渗帷幕采用三轴水泥搅拌桩防渗墙	劲性复合桩 20592m；水泥土搅拌桩防渗帷幕 3283m³
	闸室段	闸室底板；闸墩；胸墙；排架；启闭机工作桥	钢筋混凝土 2456m³
	闸门及启闭机安装	平面钢闸门；卷扬式启闭机	3 台套
	闸房	一层框架结构	360m²
	电气及自动化	电气控制柜；自动化中控系统、监控系统等	电气控制柜 3 台套；自动化中控系统 1 台套；监控系统 10 台套
	上游引河段	钢筋混凝土扶壁式翼墙、钢筋混凝土消力池；灌砌块石护坡、护底以及抛石防冲槽等	混凝土浇筑 1260m³；土方填筑 3364m³；灌砌块石 796m³；抛石埋砌 633m³
	下游引河段	钢筋混凝土扶壁式翼墙、钢筋混凝土消力池；灌砌块石护坡、护底以及抛石防冲槽等	混凝土浇筑 3989m³；土方填筑 6249m³；灌砌块石 1949m³；抛石埋砌 1000m³
	交通桥	预应力钢筋混凝土预制桥板，桥面铺装、搭板、防撞护栏等	混凝土浇筑 248m³；吊装预制桥板 21 块
	附属工程	场地、绿化、护栏、路灯、排水沟等	—

(三) 施工总进度计划编制

1. 分析确定逻辑关系

某水闸工程工作之间的逻辑关系分析见表 4-2-2。

表 4-2-2 水闸工程工作之间逻辑关系分析表

编号	工作名称	持续时间/天	紧前工作
01	截流及降水	40	无
02	闸室土方开挖	7	截流及降水
03	地基基础处理及防渗帷幕	47	闸室土方开挖
04	闸室底板	14	地基基础处理及防渗帷幕
05	闸墩	30	闸室底板
06	排架	14	闸墩
07	启闭机工作桥	39	排架
08	闸门及启闭机安装	20	启闭机工作桥
09	闸房	125	闸门及启闭机安装
10	电气及自动化设备安装、调试	30	闸房

续表

编号	工作名称	持续时间/天	紧前工作
11	上下游翼墙段	156	闸室底板
12	上下游引河段	224	截流及降水
13	交通桥	70	闸墩
14	场地、绿化、护栏、路灯等附属工程	62	通水验收
15	完工验收准备	5	电气及自动化设备安装、调试，交通桥，场地、绿化、护栏、路灯等附属工程

2. 估算工作的持续时间

定额估算法公式计算如下：

$$D=\frac{Q}{R \times S}$$

式中 D——工作的持续时间；
　　Q——实物工程量；
　　R——资源数量；
　　S——工效定额。

其中

$$R = N \times C$$

式中 N——计划投入设备数量；
　　C——每天工作班次数。

(1) 土方开挖施工强度分析。

闸室及上下游翼墙段首次开挖土方量约为 22048m^3；挖掘机斗容 1.0m^3，定额台班产量 $S=800m^3$/台班；计划投入 4 台液压挖掘机；每日工作 1 个班次。则

土方开挖计算工期为：$T=22048/(800 \times 4 \times 1)=6.89$（天），计划 7 天完成。

(2) 地基基础处理及防渗帷幕施工强度分析。

地基基础处理为劲性复合桩，设计桩径 600mm，总长度 20592m，换算总方量为 5822.25m^3。采用 PH-5 粉体喷射水泥土搅拌桩机，定额台班产量 $S=29.4m^3$/台班；计划投入 4 台桩机；每日工作 3 个班次。则：

地基基础处理计算工期为：$T=5822.25/(29.4 \times 4 \times 3)=16.5$ 天，计划 17 天完成。

水泥搅拌桩防渗帷幕，共计 3283m^3；选用 DH608 型三轴搅拌桩机，定额台班产量 $S=35m^3$/台班；计划投入 2 台桩机；每日工作 3 个班次。则：

防渗帷幕计算工期为：$T=3283/(35 \times 2 \times 3)=15.6$（天），计划 16 天完成。

(3) 混凝土浇筑施工强度分析。

该工程混凝土结构施工中，混凝土一次性连续浇筑面积最大、方量最多的部位是闸室底板，计算混凝土浇筑量为 1420m^3。经考察的商品混凝土厂家配备 2 台生产能力为 150m^3/h 的强制性搅拌机，理论混凝土供应能力为 300m^3/h，满足混凝土供应需求。

3. 编制工作明细表

某水闸工程的工作明细表（部分）见表 4-2-3。

见表4-2-3　　　　　　　某水闸工程的工作明细表（部分）

工作编码	工作名称	工程量	持续时间	紧前工作	资源			成本	工作描述
					人力	材料	施工设备		
......									
03	地基基础处理及防渗帷幕	劲性复合桩20592m；水泥土搅拌桩防渗帷幕3283m³	47天	闸室土方开挖	21人	水泥：1342t；PHC管桩20592m	4台PH-5粉体喷射水泥土搅拌桩机；3台DH608型三轴搅拌桩机	（略）	4台PH-5桩机，分区、分块同时进行劲性复合桩施工；3台DH608型三轴搅拌桩机，进行防渗帷幕施工
......									

4.绘制施工总进度计划并确定关键线路

（1）绘制施工总进度计划。

某水闸工程施工进度计划（时标网络图）如图4-2-1所示。

（2）确定关键线路。

根据图4-2-1计算分析，施工进度计划关键线路为：

截流及降水→闸室土方开挖→地基基础处理及防渗帷幕→闸室底板→闸墩→排架→启闭机工作桥→闸门及启闭机安装→闸房→电气及自动化安装调试→完工验收准备。

二、泵站工程

泵站是由水泵、动力机、管道、电气设备、辅助设备、泵房和进出水池及一系列水工建筑物等组成的整体水工建筑物的总称（又称抽水站、扬水站、提水站等）。其作用是将低水提升到高处或远处，进行农田灌溉、工矿企业及城镇给水、排水等。下面结合实际工程案例，概括介绍泵站工程的施工进度计划编制。

（一）准备工作

1.工程概况

某排涝泵站工程位于淮河中游地区，由拦污闸、前池、泵房、压力水箱、穿堤箱涵及防洪闸、主副厂房及启闭机房、管理房及其附属工程组成。设计排涝流量为35.3m³/s，共安装4台1700ZLK9-2.5立式轴流泵，配TL450-28/1730立式电动机，单机功率450kW，总装机功率1800kW。

主要工程量为土方开挖7.89万m³，土方回填6.73万m³；钢筋制安1028t；混凝土1.3万m³；主副厂房及启闭机房1830m²；闸门安装18扇；拦污栅安装10扇；主机泵安装4套；变压器3台；埋件安装84t；固定卷扬启闭机14台；悬挂式启闭机2台；35kV高压开关柜5台；10kV高压开关柜7台，低压配电柜9台，励磁柜4台；现地LCU屏4台；直流屏1套；技术供水泵2只；电动单梁起重机3台，电力电缆7560m。

2.确定进度计划目标

合同工期为2020年10月19日开工，2022年3月29日完工，总工期527日历天。

安全度汛要求：工程所在区域每年的汛期是5月30日至9月30日。当地防汛部门要

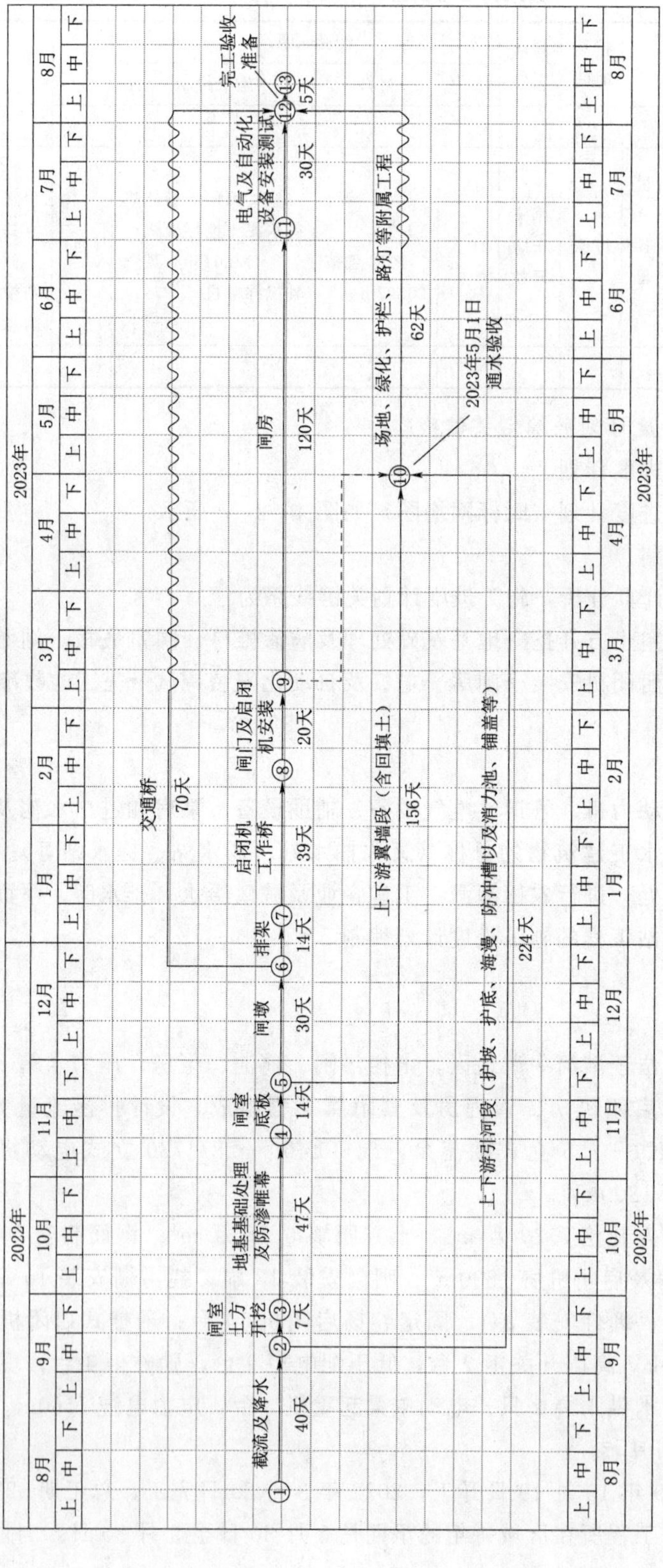

图 4-2-1 某水闸工程施工总进度计划（时标网络图）

求，每年的 4 月 30 日前，破堤（或在堤防上开口子）工程须回填完毕，具备安全度汛条件。

关键重要节点：2021 年 4 月 30 日前，穿堤箱涵回填完毕；2021 年 5 月 30 日前，防洪闸闸门、启闭机安装完成，具备挡洪条件。

3. 施工部署

（1）工程总体施工组织实施分区、分段施工。工程分为站身主厂房、前池、进水闸、防洪闸、上下游引水渠工程施工区。泵站施工区各分部分项工程科学组织、流水作业、合理衔接。

（2）根据泵站工程总体安排原则和施工顺序，将本工程划分为基础开挖工程、基坑降水工程、进水池及泵室下部结构工程、防洪闸工程、穿堤涵洞工程、堤防土方回填工程、金属设备安装工程、进水闸工程、进水池及前池工程、主副厂房框架结构工程、机电设备安装工程、主副厂房及启闭机房工程、管理房及附属设施工程、上下游连接段工程、其他工程。

（3）加强与水泵、电机、电气设备供应商、金属结构供应商等单位的配合与协调，保证及时供货、安装和高度，保证工程的连续进行。

（二）项目工作分解结构

某排涝泵站为 1 个单位工程。根据项目划分结果，划分为 12 个分部工程：进口连接段、拦污闸、前池、泵室、压力水箱、穿堤涵及防洪闸、出口连接段、主副厂房及启闭机房、金属结构及启闭机安装、机泵设备安装、电气设备安装、管理房及其附属工程。根据工程项目组成，结合施工程序，某排涝泵站工程的工作分解结构见表 4-2-4。

表 4-2-4　　　　　某排涝泵站工程的工作分解结构

第一层级 某排涝泵站工程		
第二层级	第三层级	主要工程量
围堰填筑及降排水	围堰填筑、降排水	
基础开挖	进口连接段至泵室、泵室至出口连接段	土方开挖 7.89 万 m^3
防洪闸及穿堤涵	底板、闸墩、胸墙、排架、工作桥（启闭机平台），启闭机房、栈桥、1 号涵洞底板、1 号涵洞墙身及顶板，2 号涵洞底板、2 号涵洞墙身及顶板，3 号……	混凝土及钢筋混凝土 101m^3
泵室	流道层、水泵层、联轴器层、电机层	混凝土及钢筋混凝土 6049.7m^3
压力水箱	底板、墩墙及中隔板、侧墙、顶板	混凝土及钢筋混凝土 770m^3
出口连接段	翼墙底板、翼墙墙身、护底、齿槽、格埂、压顶、预制块护坡、防冲槽	混凝土及钢筋混凝土 465.5m^3，预制块 1000m^2
金属结构及启闭机安装（防洪闸）	闸门埋件安装，闸门安装，启闭机安装，联合调试	工作闸门 2 扇、卷扬启闭机 2 台
土方回填（防洪闸段）	左右两侧回填土第 1 层、第 2 层、…、第 N 层	土方回填 17768m^3
主副厂房框架结构	主厂房梁、柱，主厂房屋面，主厂房砌墙，副厂房梁、柱，副厂房屋面，副厂房砌墙	混凝土及钢筋混凝土 2555.6m^3

续表

第二层级	第三层级	主要工程量
前池	1号底板、2号底板……、1号墙身、2号墙身……	混凝土及钢筋混凝土 896m³
拦污闸	底板、闸墩、胸墙、排架、工作桥（启闭机平台）、检修桥	混凝土及钢筋混凝土 1097.5m³
进口连接段	翼墙底板、翼墙墙身、护底、齿槽、格埂、压顶、预制块护坡	混凝土及钢筋混凝土 496m³，预制块 500m²
金属结构及启闭机安装（泵站及拦污闸）	闸门埋件安装，闸门安装，启闭机安装，拦污栅安装，联合调试	工作门 16 扇、拦污栅 10 扇、卷扬式启闭机 12 台、悬挂式启闭机 2 台
土方回填（泵站段）	左右两侧回填土第1层、第2层、……、第N层	土方回填 49553m³
管理房及附属设施	基础、框架结构、屋面梁板、砌体墙、乳胶漆墙面、顶棚、屋面防水、防滑地板砖、真石漆外墙、院墙、院区道路、给排水、水土保持措施等	混凝土及钢筋混凝土 108m³
主副厂房装饰装修	乳胶漆墙面、顶棚、屋面防水、主厂房自流坪、副厂房防滑地板砖、真石漆外墙	1830m²
机泵设备安装	1号水泵安装、2号水泵安装……、1号电机安装、2号电机安装……	水泵 4 台；电机 4 台；拍门 4 扇；潜水泵 2 台，电动单梁起重机 3 台
电气设备安装	主变压器安装、站用变压器安装、高压配电安装、低压配电安装、动力柜安装	35kV 高压开关柜 5 台；10kV 高压开关柜 7 台，低压配电柜 9 台，励磁柜 4 台；现地 LCU 屏 4 台；直流屏 1 套；技术供水泵 2 只；电力电缆 7560m
机组联合调试、试运行及启动验收	机组空载试运行、机组带负荷连续运行	
单位工程（完工）验收		

（三）施工总进度计划编制

1. 分析确定逻辑关系

某排涝泵站工程工作之间逻辑关系分析表见表 4-2-5。

表 4-2-5　　　某排涝泵站工程工作之间逻辑关系分析表

项目编码	项目名称	开始日期	结束日期	持续时间/天	紧前工作
01	围堰填筑及降排水	2020-10-19	2020-11-07	20	—
02	基础开挖	2020-11-08	2020-12-07	30	围堰填筑及降排水
03	防洪闸及穿堤涵	2020-11-15	2021-02-02	80	闸室部分的基础开挖
04	泵室	2020-12-08	2021-05-11	155	基础开挖
05	压力水箱	2020-12-23	2021-04-01	100	基础开挖
06	出口连接段	2021-01-08	2021-04-07	90	防洪闸及穿堤涵
07	金属结构及启闭机安装（防洪闸）	2021-02-18	2021-03-19	30	防洪闸及穿堤涵
08	土方回填（压力水箱至防洪闸段）	2021-02-22	2021-04-22	60	防洪闸及穿堤涵

续表

项目编码	项目名称	开始日期	结束日期	持续时间/天	紧前工作
09	主副厂房框架结构	2021-05-12	2021-10-08	150	泵室
10	前池	2021-07-01	2021-08-29	60	泵室
11	拦污闸	2021-09-01	2021-10-30	60	基础开挖
12	进口连接段	2021-09-05	2021-12-03	90	拦污闸
13	金属结构及启闭机安装（泵站及拦污闸）	2021-10-09	2021-12-30	83	主副厂房框架结构
14	土方回填（拦污闸至泵站段）	2021-11-05	2021-12-24	50	泵室、压力水箱、拦污闸、前池
15	管理房及附属设施	2021-10-24	2022-03-22	150	主副厂房框架结构
16	主副厂房装饰装修	2021-12-10	2022-03-09	90	主副厂房框架结构
17	机泵设备安装	2021-10-09	2022-02-15	130	主副厂房框架结构
18	电气设备安装	2021-11-01	2022-01-29	90	主副厂房框架结构
19	机组联合调试、试运行及启动验收	2022-02-16	2022-03-17	30	机泵设备安装、电气设备安装
20	单位工程（完工）验收	2022-03-18	2022-03-29	12	机组联合调试及试运行

2. 估算工作的持续时间

（1）按定额估算法估算土方开挖的持续时间。

泵站基础开挖工程量 7.89 万 m^3，采用挖掘机开挖，自卸车运输至弃渣场，根据现场作业条件准备投入 $1m^3$ 挖掘机 4 台，即资源数量为 4 台，根据《水利建筑工程预算定额》（2002 版）10365 项 $1m^3$ 挖掘机挖装土自卸汽车运输，$1m^3$ 挖掘机开挖 $100m^3$ 需 1h，每天按工作 8 小时，每台 $1m^3$ 挖掘机的工效定额为 $800m^3/天$，$D=Q/(R\times S)=78900/(4\times 800)=24.66\approx 25$（天）。

由于土方工程受天气因素影响大，根据工程所在地气候条件，按每月 30 天有效施工天数 25 天考虑，土方开挖工作的持续时间估算为 $25\div 25\times 30=30$（日历天）。

（2）参照以往工程实践经验估算机组联合调试及试运行的持续时间。

根据施工单位在以往类似规模工程的安装调试经验，机组联合调试及试运行的持续时间估算为 30 天。

（3）混凝土工程强度分析。

该工程混凝土结构施工中一次浇筑面积最大、方量最多的部位是泵室底板，平面尺寸为 $32.0m\times 11.4m$，底板厚度为 $0.9m$，经计算最大浇筑量 $328.32m^3$。底板混凝土浇筑采用分层平铺的浇筑方法，分三层，每层浇筑方量 $109.44m^3$，浇筑时气温在 $10\sim 20℃$，采用普通硅酸盐水泥的混凝土允许间隙时间为 135min，换算得每小时混凝土浇筑量不得小于 $109.44\div(135\div 60)=48.64m^3$。采用自拌混凝土，配备 3 台生产能力为 $30m^3/小时$的 JS750 强制性搅拌机，理论上每小时能供应混凝土 $90m^3$，满足混凝土供应需求，如果考虑一台设备出现异常情况，2 台的生产能力也可以满足混凝土供应需求。

3. 编制工作明细表

某排涝泵站工程工作明细表见表 4-2-6。

表 4-2-6　　　　　　　　　　某排涝泵站工程工作明细表

工作编码	工作名称	工程量	持续时间/天	紧前工作	资源			成本	工作描述
					人力	材料	施工设备		
02	基础开挖	78900m³	30	围堰填筑及降排水	30	—	5台1m³挖掘机、25台10t自卸车、2台74kW推土机	（略）	挖掘机开挖基坑土、自卸汽车运土、推土机平整土
……									
19	机组联合调试、试运行及启动验收		30	机泵设备安装、电气设备安装	10			（略）	设备验收、机组联合调试、空载试运行、带负荷负载试运行、启动验收

4. 绘制施工总进度计划并确定关键线路

（1）某排涝泵站工程施工进度计划（横道图）如图 4-2-2 所示。

（2）关键线路。某泵站的关键线路为：

围堰填筑及降排水→基坑开挖→泵室（流道层→水泵层→联轴器层→电机层）→主副厂房框架结构→机电设备安装（水泵、电机安装→辅机及控制系统安装）→机组联合调试、试运行、启动验收（设备验收→机组空载试运行→机组带负荷负载试运行→启动验收）→单位工程（完工）验收。

三、混凝土重力坝工程

混凝土重力坝是由混凝土浇筑而成，主要依靠坝体自重产生的抗滑力来满足稳定的一种挡水坝。它的主要作用是拦截水流，抬高水位，形成水库，是在水库枢纽工程中被广泛采用的一种坝型。下面结合实际工程案例，概括介绍混凝土重力坝工程的进度计划编制。

（一）准备工作

1. 工程概况

某新建小型水库工程，挡水结构为 C20 混凝土重力坝，由溢流坝段、左岸非溢流坝段、右岸非溢流坝段组成，溢流坝段上方布置交通桥，非溢流坝段布置坝顶公路沟通两岸，大坝下游设计消力池、尾水渠等。

2. 确定进度计划目标

合同总工期为 365 日历天，2024 年 1 月 1 日开工，2024 年 12 月 31 日完工。

3. 影响因素分析

（1）跨汛期施工，受洪水影响较大。

由于本工程施工期横跨 2024 年度整个主汛期，主体工程施工期内需要全时段导流。导流隧洞的设计过洪能力有限，如在主汛期内遇到超标准洪水，将对工程施工安全和施工进度均有极大影响。

（2）原材料需求量大。

溢流坝段、左岸非溢流坝段，右岸非溢流坝段、交通桥、消力池、尾水渠等部位均为

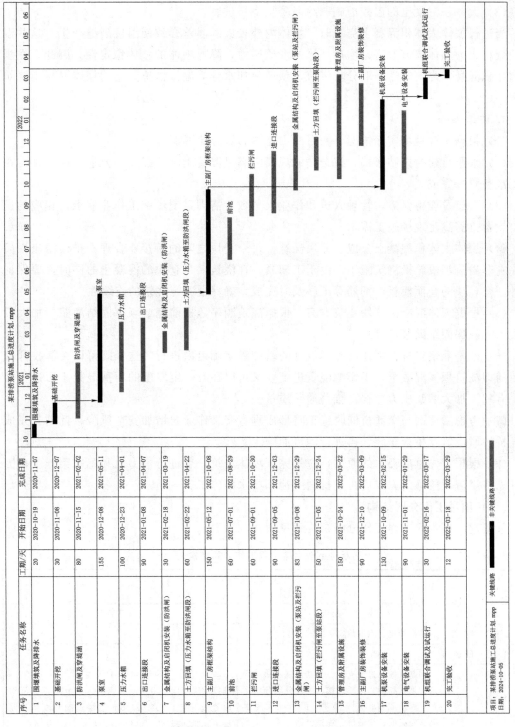

图 4-2-2 某排涝泵站工程施工总进度计划（横道图）

钢筋混凝土结构，原材料需求量大。原材料的采购、运输、储备、加工等任何环节出现问题，均可能导致工期延误。

(3) 大体积混凝土的温控措施制约混凝土浇筑进度。

当进行坝体大体积混凝土浇筑时，坝体内外较大的温差会致使温度裂缝产生，这些温度裂缝将成为坝体渗流通道，增加坝体的渗透压力，降低坝体的整体稳定性。因此，在坝体大体积混凝土浇筑时需采取分块浇筑、预埋冷却水管等温控措施，制约坝体混凝土浇筑进度。

4．施工部署

(1) 根据工程现场实际情况，在右岸山体内布置导流隧洞。

(2) 采用自建搅拌站形式，拌合站的规模应满足混凝土浇筑强度的要求，拌合站需在施工准备阶段完成。

(3) 人员及设备保障，管理人员和作业人员数量需满足现场施工作业需求，相应的设施、设备也需满足现场施工需求。

(4) 坝体大体积混凝土分成、分块浇筑。每个仓块之间的衔接要合理安排，溢流坝段及左右非溢流坝段轮换浇筑施工。由于工期紧，在浇筑一个仓块的混凝土的同时，要保证另外一个仓块的仓面模板及钢筋等工序及时完成，确保混凝土浇筑的连续性。

(5) 根据坝体混凝土分块浇筑方案，根据浇筑顺序，提前完成坝基固结灌浆。加大设备投入，确保固结灌浆进度。

(6) 帷幕灌浆安排在坝体内专门设计的基础灌浆廊道内进行，这样既可以在演技开挖好后随即浇筑坝体混凝土，不影响浇筑进度，又可以在有一定厚度的压重混凝土后进行灌浆，有利于加大灌浆压力，提高帷幕灌浆质量。

(7) 考虑溢流面与交通桥同时施工将形成垂直交叉作业，增加安全风险。计划先完成交通桥桥墩浇筑及桥板安装，再进行溢流面施工。

(8) 根据"先重后轻"的原则，应先完成坝体浇筑，后进行消力池和尾水渠施工，因此计划将溢流坝段施工完成后再进行消力池和尾水渠施工。

(二) 项目工作分解结构

某新建小型水库工程工作分解结构表见表4-2-7。

表4-2-7　　　　　　　　某新建小型水库工程工作分解结构表

第一层级 某水库工程			
序号	第二层级	第三层级	主要工程量
1	施工导截流	隧洞导流、围堰填筑	—
2	施工降水	—	—
3	主体工程	坝基开挖及边坡支护、坝基清基及垫层浇筑、坝基和消力池段开挖、坝体分段分块浇筑、固结灌浆、帷幕灌浆、消力池及尾水渠、溢流面、交通桥、坝顶公路	土方开挖 38630.5m³、石方开挖 87039.49m³、坝体溢流坝段 C20 混凝土 33900.88m³、非溢流坝段 C20 混凝土 101702.65m³、溢流面 C30 钢筋混凝土（防冲耐磨）1385.54m³
4	尾工	导流明渠回填封堵、围堰拆除、完工清场	—

(三) 施工总进度计划编制

1. 分析确定逻辑关系

某新建小型水库工程工作之间逻辑关系分析表见表4-2-8。

表4-2-8　　　　　　　　　　工作之间逻辑关系分析表

序号	项目名称	持续时间/天	紧前工作	紧后工作
1	施工导截流	90	无	施工降水
2	施工降水	15	施工导截流	坝基开挖及边坡支护
3	坝基开挖及边坡支护	60	施工降水	坝基清基及垫层浇筑
4	坝基清基及垫层浇筑	10	坝基开挖及边坡支护	固结灌浆
5	固结灌浆	60	坝基清基及垫层浇筑	溢流坝段分块浇筑
6	溢流坝段分块浇筑	112	固结灌浆	帷幕灌浆
7	非溢流坝段分块浇筑	133	坝基清基及垫层浇筑	坝顶公路及附属设施
8	溢流面施工	30	溢流坝段分块浇筑	完工清场
9	帷幕灌浆	56	溢流坝段分块浇筑	坝顶公路及附属设施
10	消力池及尾水渠	48	溢流坝段分块浇筑	围堰拆除
11	交通桥	30	溢流坝段分块浇筑	完工清场
12	坝顶公路及附属设施	30	消力池及尾水渠	完工清场
13	导流明渠回填封堵	15	消力池及尾水渠	围堰拆除
14	围堰拆除	6	导流封堵	完工清场
15	完工清场	6	围堰拆除	无

2. 主要施工强度分析

(1) 溢流坝段分块浇筑计划工期112天，需浇筑C20混凝土33900.88m^3；坝体溢流坝段日均混凝土浇筑强度约为33900.88÷112＝302.69(m^3/天)。

(2) 非溢流坝段分块浇筑计划工期133天，需C20混凝土101702.65m^3；非坝体溢流坝段日均混凝土浇筑强度约为101702.65÷133＝764.68(m^3/天)。

(3) 7—10月为坝体混凝土浇筑施工高峰期，日均浇筑强度约为302.69＋764.68＝1067.37(m^3/天)。

3. 编制工作明细表

某新建小型水库工程的工作明细表(部分)见表4-2-9。

4. 绘制施工总进度计划并确定关键线路

(1) 绘制施工总进度计划。

新建小型水库工程施工总进度计划(横道图)如图4-2-3所示。

表 4-2-9　　　　　　　新建小型水库工程的工作明细表（部分）

工作编码	工作名称	工程量	持续时间/天	紧前工作	资源			成本	工作描述
					人力	材料	施工设备		
	……								
06	溢流坝段分块浇筑	C20混凝土 33900.88m³	112	坝基垫层浇筑	—			—	坝体分段分层浇筑，每仓浇筑1.8m高，仓块之间的衔接要合理安排
	……								

（2）确定关键线路。

根据图4-2-3计算分析，施工进度计划关键线路为：

施工导截流→施工降水→坝基开挖及边坡支护→坝基垫层混凝土浇筑→固结灌浆→溢流坝段分块浇筑→消力池及尾水渠→围堰拆除→完工清场。

四、堤防工程

堤防工程是在平原地区沿江、河、湖、海岸修筑的堤坝，用于挡御洪水泛滥而造成灾害，是一种挡水工程设施。堤防工程包括：江堤、河堤、湖堤、海堤、海塘、圩堤等。下面结合实际工程案例，概括介绍堤防工程的施工进度计划编制。

（一）准备工作

1. 工程概况

某河流堤防工程位于东北高寒地区，堤防防洪标准200年一遇，为1级堤防。其中某施工段主要建设内容包括：堤防加高培厚6.8km，新建堤防13.5km，防汛贯通路20.3km，穿堤涵闸3座。堤防采用均质土堤形式，堤防超高2m，堤顶宽8m，迎、背水边坡均为1:3.0，堤脚外两侧设戗台，戗台高度1～2m，宽5m。堤基采用加土工格栅、分期填筑、局部抛石等措施；堤顶道路形式为沥青路面及砂石路面工程。

2. 确定进度计划目标

合同开工日期为2021年12月1日，2023年12月31日完工，总工期为761天。其中，重要关键控制性节点：2022年2月28日前完成取土备料150万m³；2022年11月30日前堤防加高培厚6.8km土方填筑全部结束；完成新建堤防段土方填筑60%以上。

3. 影响因素分析

本工程填筑工程量大，首先需备料土源。堤基清理及处理完成后，使用备好的土料进行堤身填筑；堤身填筑沉降稳定后实施内外坡防护；堤顶道路一般在内外坡防护实施完成后施工，以做好路面保护；附属设施可在堤防建设过程中穿插开展。穿堤建筑物在完成堤基处理后，与堤身填筑阶段同步实施。

（1）本项目地处东北寒冷地区，每年12月至次年3月为冬季，堤坝土方填筑和防护工程无法施工，仅能视现场气温情况进行取土备料施工。

（2）堤防填筑土方用量大，为保证堤身连续填筑需求，需要提前储备施工填料。冬季无法填筑堤身，在此期间集中力量备料150万m³，剩余备料在后续施工期间持续实施。

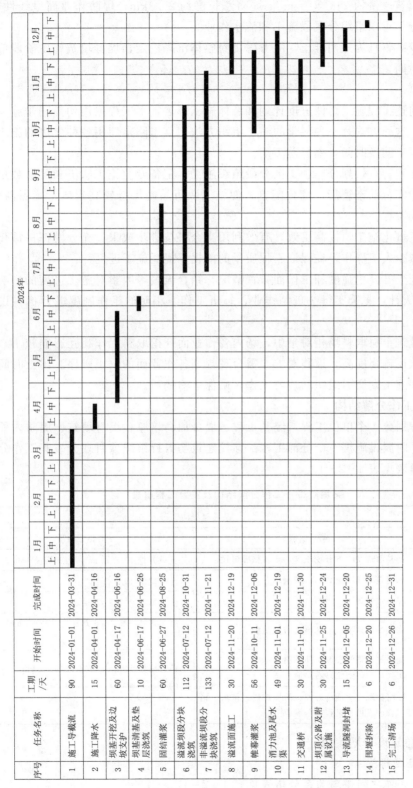

图4-2-3 某新建小型水库工程施工进度计划（横道图）

(3) 堤身填筑总量约 246.4 万 m³，堤防总长度约 20.3km，堤防作业面呈线性布置，施工作业面充分，可以组织分区段施工和流水作业。

(4) 堤身较高，且为短期堆土，应考虑堤身整体沉降稳定，堤身填筑施工阶段应留有堤身沉降间歇时间。

4. 施工部署

(1) 根据前述工程施工总体进度计划和总体施工部署，本工程采用均衡同步施工方式组织结构施工。这种方式是一种科学的施工组织方法，其思路是使用各种先进的施工技术和施工工艺，以空间换时间，缩短总工期。

(2) 根据工程特点，划分三个工区分段组织施工，配备专业施工队伍和足够数量的施工设备，施工中实行动态管理，优化配置，使施工队伍始终保持较高素质，确保高效率、高质量完成合同工程。

(3) 采用机械化施工，提高工效，有效利用当今科技进步成果，充分发挥机械化生产的积极作用，减少人工操作，在保证工程质量的前提下提高施工进度。

(4) 考虑到土方开挖强度和工作面布置情况，结合天气等因素对施工进度的影响，月工作时间按 25 天计，每天实行 2 班制作业，每班工作 8 小时的工作制度进行机械设备的配置。

(5) 堤防填筑土料取料场相对集中，场内各作业面开挖取料工作相互影响较小，但全线开工必然导致运输强度高，道路繁忙。需合理规划各作业面的取土顺序、出土时间、出土的道路，做好施工期交通组织和疏解工作，确保运输畅通。

(二) 项目工作分解结构

本堤防工程划分 1 个单位工程，堤基工程、堤身加高培厚、堤身填筑、堤防内外坡防护、堤顶道路、附属设施等 6 个分部工程。穿堤建筑物另行组织项目划分。其工作分解结构及主要工程量表见表 4-2-10。

表 4-2-10　　　　　某堤防工程工作分解结构及主要工程量表

第一层级	某河流堤防工程	
第二层级	第三层级	主要工程量
堤基工程	堤基清理及土方开挖土方，土工格栅铺设	土方开挖 10.5 万 m³；土工格栅 159.7 万 m²
堤防加高培厚	加高培厚段取土备料、填筑	土方填筑 40.6 万 m³
堤身填筑	堤身填筑备土、填筑	土方填筑 205.8 万 m³
堤防内外坡防护	蜂巢护坡系统；局部格宾石笼防护	蜂巢护坡系统 15.6 万 m²；格宾石笼防护 1.1 万 m³
堤顶道路	堤防加高培厚段铺筑沥青路面；新建堤防段铺筑砂石路面	沥青路面 6.8km；砂石路面 13.5km
附属设施	道路标线、交通标志牌、防撞护栏、排水、路灯、管理界桩、里程桩等设施	—

(三) 施工总进度计划编制

1. 分析确定逻辑关系

某堤防工程工作之间逻辑关系分析表见表 4-2-11。

表 4-2-11　　　　　某堤防工程工作之间逻辑关系分析表

工作编码	工作名称	持续时间/天	紧前工作
01	施工准备	23	无
02	取土备料	431	施工准备
03	堤基处理	153	取土备料
04	堤防加高培厚	244	堤基处理
05	穿堤建筑物	487	堤基处理
06	新建堤防填筑	518	堤基处理
07	堤防内外坡防护	201	堤防加高培厚/填筑
08	堤顶道路	138	堤防内外坡防护
09	附属设施	213	堤防内外坡防护

2. 估算工作持续时间

根据堤防工程特点分析，可知影响本工程进度的因素主要为土方备料、堤身土方填筑等施工。

(1) 土方备料施工强度。

根据进度计划目标要求，土方备料施工强度最大的时段为2022年2月28日前，需完成取土备料150万 m^3。计划2021年12月25日开工备土，结合考虑冬季施工及春节放假影响，有效施工天数约为50日计算。计划采用2.0m^3挖掘机进行土方开挖作业，定额台班产量 $S=1428m^3$/台班；每日施工时间按1.5个台班计算生产能力，时间利用系数 K 取 0.8。则：

根据工作持续时间的估算公式：$D=Q/(S\times N\times C\times K)$

式中　Q——工程量；

　　　S——定额台班产量；

　　　N——计划投入设备数量；

　　　C——每日台班数。

换算计划投入设备数量：$N=Q/(S\times D\times C\times K)$

计划投入设备数量：$N=150\times 10000/(1428\times 50\times 1.5\times 0.8)=17.5$(台)，取18台。

经计算需配备18台2.0m^3反铲挖掘机进行土方开挖工作。

(2) 土方填筑强度。

根据进度计划目标要求，计划从2022年4月1日开始填筑，至2022年11月30日完成堤防加高培厚段40.6万 m^3 土方填筑，以及新建堤防段124万 m^3 土方填筑（约占新建堤防段土方填筑总量的60%），平料设备选用176kW推土机；碾压设备主要选用16t振动碾；月工作时间按25天计，土方回填有效施工时间约200天，每天实行两班制作业，每班工作8小时。

以推土机设备投入数量计算为例：

176kW推土机定额台班产量 $S=1012m^3$/台班，时间利用系数 K 取0.9。

计划投入设备数量为：$N=(40.6+124)\times 10000/(1012\times 200\times 2\times 0.9)\approx 4.5$(台)，取5台。

经计算，2022年11月30日前，需配备5台176kW推土机进行堤防土方填筑工作。

从2023年4月1日开始，至2023年8月31日前完成新建堤防段剩余81.8万 m^3 土方填筑，月工作时间按25天计，土方回填有效施工时间约125天。

计划投入设备数量为：$N=81.8×10000/(1012×125×2×0.9)≈3.6$（台），取4台。

经计算，2023年4月1日起，需配备4台176kW推土机进行堤防土方填筑工作。

3. 编制工作明细表

某堤防工程工作明细表（部分）见表4-2-12。

表4-2-12 某堤防工程工作明细表（部分）

工程编码	工作名称	工程量	持续时间/天	紧前工作	资源 人力	资源 材料	资源 施工设备	成本	工作描述
……									
03	堤基处理	土方10.5万m^3；土工格栅铺设159.7万m^2；抛投块石1888m^3	153	取土备料	—	土工格栅159.7万m^2；块石1888m^3	2.0m^3挖掘机	……	堤基采用加土工格栅、分期填筑、局部抛石等措施
06	新建堤防填筑	土方填筑205.8万m^3	518	堤基处理	—	土方备料205.8万m^3	176kW推土机；16t振动碾		堤防土方填筑
……									

4. 绘制施工进度计划并确定关键线路

(1) 某堤防工程施工总进度计划如图4-2-4所示。

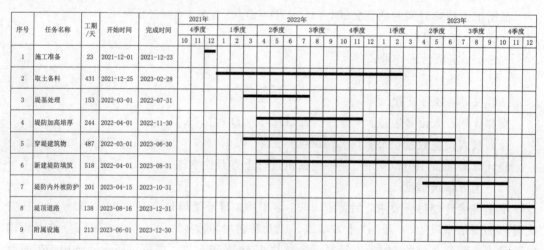

图4-2-4 某堤防工程施工总进度计划（横道图）

(2) 确定关键线路。

本工程施工进度关键线路为：施工准备→取土备料→堤基处理→新建堤防填筑→堤防内外护坡防护→堤顶道路。

五、水工隧洞施工

水利工程中的隧洞是指穿凿山岭，用来输水或泄水的山洞，为了防止围岩风化、坍塌、渗漏，常采用石料、混凝土或钢筋混凝土衬砌。隧洞按其工程可分为灌溉发电引水隧洞、泄洪排沙隧洞、施工导流隧洞、渠道输水隧洞等。下面结合实际工程案例，概括介绍水工隧洞工程的进度计划编制。

（一）准备工作

1. 工程概况

某水工隧洞工程全长 190.54km，洞径 8.5m，围岩条件主要为 Ⅱ 类、Ⅲ 类围岩，局部工段为 Ⅳ 类、Ⅴ 类围岩。主要采用钻爆法和 TBM 法施工。工程划分为多个标段同时施工，其中：四标段隧洞施工区域长度 16.3km（桩号：K78+570～K94+870），施工方法及施工段划分见表 4-2-13。

表 4-2-13　　　　　　主洞施工方法及段落划分计划表

施工段	起止桩号		长度/m	施工方法	断面形式	开挖断面尺寸
组装洞段	K78+570	K78+715	145	钻爆法	马蹄形	13.9m×17m（宽×高）
TBM-1 段	K78+715	K88+510	9795	TBM	圆形	直径为 9.4m
检修洞段	K88+510	K88+940	430	钻爆法	马蹄形	10.9m×10.5m（宽×高）
TBM-2 段	K88+940	K94+830	5890	TBM	圆形	直径为 9.4m
拆卸洞段	K94+830	K94+870	40	钻爆法	马蹄形	10.9m×10.5m（宽×高）
1号支洞	连接组装洞段		1260	钻爆法	马蹄形	9m×11m（宽×高）
2号支洞	连接检修洞段		1950	钻爆法	马蹄形	9m×11m（宽×高）
3号支洞	连接拆卸洞段		820	钻爆法	马蹄形	9m×11m（宽×高）

2. 确定进度计划目标

合同工期要求：2012 年 7 月 28 日开工，2015 年 11 月 30 日完工，具备通水条件。

3. 影响因素分析

（1）硬岩掘进机（TBM）设备订货的影响。

由于 TBM 设备复杂，生产制作周期长，在考虑采用此种施工方法时，应充分考虑订货周期的影响。合理确定设备生产制作、运输、组装、试掘进等工期计划安排，与正式掘进前需要进行的相关工作如施工准备、涉及 TBM 组装、始发支洞开挖等计划衔接。

（2）TBM 设备安装的影响。

TBM 整机组装主要包括主机组装，连接桥组装，后配套组装，连续及支皮带机组装及电气、液系统组装。其中前期由工厂运到组装洞的主机部件最先组装，根据组装进度，再将运到临时存放场的其他主机部件按照组装计划，运进组装洞进行组装。主机组装完成后进行连接桥组装，最后进行后配套和连续皮带机的组装。

（3）隧洞地质条件对 TBM 掘进速度的影响。

根据 TBM 施工经验，TBM 设备在不同工程地质条件下的掘进控制参数以及掘进速度均存在差异，主要影响因素包括围岩岩性、围岩强度和岩体完整性等因素。

（4）同步衬砌进度主要影响因素。

本标段采用 TBM 掘进、仰拱衬砌及边顶拱衬砌同步施工，在确保 TBM 正常掘进的前提下，同步展开仰拱及边顶拱衬砌施工。为此，在编制、审查进度计划充分应考虑并妥善解决以下主要影响因素：

1) 同步衬砌方案的合理可行、可操作性。在单线运输情况下，根据台车走行宽度，采用可循环使用的台车走行轨，在衬砌过程中边安装边拆卸。

2) 仰拱衬砌台车设计的合理性。确保衬砌台车各结构部分不侵入洞内风水管线、皮带机净空，衬砌时无需对各类管线进行拆除作业，仅保证轨线畅通即可。

3) 风水电管线布置设计。衬砌台车、作业台架顶部正中位置设置通风管专门通道。高压电缆、照明线路布设在隧洞侧壁，在边顶拱衬砌时临时从模板内侧通过。进出水管在仰拱衬砌后移至仰拱平底于起弧线相交处，不影响台车穿行。

4) 混凝土衬砌台车的使用寿命。使用寿命应与本标段工程衬砌工作量相适应，避免衬砌尚未完成、台车出现严重变形等失效现象，确保不在施工过程中更换同步衬砌台车。

4. 施工部署

(1) 主洞工程以TBM施工为主、钻爆法施工为辅，施工沿线布置3个施工支洞，1号支洞与主洞交叉点位于桩号：K78+570（TBM组装洞段），2号支洞与主洞交叉点位于桩号：K88+510（检修洞室段），3号支洞与主洞交叉点位于桩号 K95+730（TBM拆卸洞段）。TBM设备在1号支洞与主洞交叉处组装洞室进行设备组装，然后开始TBM-1段掘进，至2号支洞与主洞交叉处检修洞室进行检修，经中间转场后，再进行TBM-2段掘进，至3号支洞口，在洞室内完成拆卸，经3号支洞运出洞外。

(2) TBM施工段混凝土同步衬砌。本标段TBM施工段重点任务是在TBM掘进的同时，实现仰拱和边顶拱同步衬砌施工。同步衬砌施工总体方案采用仰拱衬砌作业面在TBM后部跟进，其后同步进行边、顶拱衬砌施工（Ⅱ、Ⅲa类围岩仅仰拱衬砌）。

(3) 钻爆法施工段。主洞钻爆开挖在综合考虑地质条件、施工方法、施工设备性能、工作面和交通条件等影响因素后，经分析计算或工程类比确定地下工程进度计划参数。对于关键线路上的主要洞室，进行循环作业进尺分析确定。主洞段分别采用有轨运输方式和自卸汽车无轨运输方式，装载机装渣，大吨位自卸车运输至弃渣场。

(二) 项目工作分解结构

本水工隧道工程按施工部署划分为支洞、组装洞段、主洞TBM-1段、检修洞段、主洞TBM-2段、拆卸洞段等6个部分，工作分解结构及主要工程量表见表4-2-14。

表4-2-14　　　　　某水工隧道工程工作分解结构及主要工程量表

第一层级	某水工隧洞工程	
第二层级	第三层级	主要工程量
施工准备	—	—
支洞开挖	1号、2号、3号支洞，钻爆法开挖支护、衬砌、灌浆	1号支洞1260m，石方洞挖15.4万 m^3，衬砌混凝土0.68万 m^3； 2号支洞1950m，石方洞挖23.8万 m^3，衬砌混凝土1.05万 m^3； 3号支洞820m，石方洞挖10万 m^3，衬砌混凝土0.44万 m^3

续表

第二层级	第三层级	主要工程量
组装洞段	钻爆法开挖支护、衬砌、灌浆	长度145m；石方洞挖2.92万 m^3；衬砌混凝土0.35万 m^3
TBM进场	TBM进场、组装及调试	—
主洞TBM-1段掘进及衬砌	TBM-1段掘进，同步仰拱、边拱、顶拱衬砌、灌浆；TBM中转检修及步进	TBM掘进9795m，衬砌混凝土6.15万 m^3
检修洞段	钻爆法开挖支护、衬砌、灌浆	长度430m；石方洞挖5.2万 m^3；衬砌混凝土0.76万 m^3
主洞TBM-2段掘进及衬砌	TBM-2段掘进，同步仰拱、边拱、顶拱衬砌、灌浆	TBM掘进5890m，衬砌混凝土3.5万 m^3
拆卸洞段	钻爆法开挖支护、衬砌、灌浆	长度40m；石方洞挖0.48万 m^3；衬砌混凝土0.07万 m^3
TBM拆卸与转场		—
支洞封堵、工程收尾		—

（三）施工总进度计划编制

1. 分析确定逻辑关系

某水工隧道工程工作之间的逻辑关系分析表见表4-2-15。

表4-2-15　　　　某水工隧道工程工作之间逻辑关系分析表

工作编码	工作名称	持续时间/天	紧前工作
01	施工准备	20	无
02	1号支洞开挖及支护	244	施工准备
03	2号支洞开挖及支护	401	施工准备
04	3号支洞开挖及支护	170	施工准备
05	TBM组装洞段开挖及衬砌	63	1号支洞开挖及支护
06	TBM进场、组装、调试	60	TBM组装洞段开挖及衬砌
07	主洞TBM-1段掘进	411	TBM进场、组装、调试
08	主洞TBM-1段衬砌	450	主洞TBM-1段掘进
09	主洞TBM-1段灌浆	520	主洞TBM-1段边、顶拱衬砌
10	TBM中转检修及步进	80	TBM检修洞段开挖及衬砌
11	TBM检修洞段开挖及衬砌	122	2号支洞开挖及支护
12	主洞TBM-2段掘进	243	TBM中转检修及步进
13	主洞TBM-2段衬砌	270	主洞TBM-2段掘进
14	主洞TBM-2段灌浆	230	主洞TBM-2段边、顶拱衬砌
15	拆卸洞段开挖及衬砌	40	3号支洞开挖及支护
16	TBM拆卸与转场	60	主洞TBM-2段掘进
17	支洞封堵、工程收尾	30	TBM拆卸与转场
18	工程完工	—	支洞封堵、工程收尾

2. 估算工作的持续时间

(1) TBM掘进进度指标分析。

TBM的掘进进度（V），取决于隧洞地质条件、设备利用率和掘进参数等3个主要因素，通常采用式（4-2-1）～式（4-2-3）计算（调整公式中的 a、b、c）：

$$V = T_r \times \eta \times V_c \tag{4-2-1}$$

式中 T_r——单位日历时间，h，如计算日掘进进度，T_r 则取24h；

η——TBM利用率，按式（4-2-2）计算；

V_c——纯掘进速度，m/h，按式（4-2-3）计算；

$$\eta = (T_c + T_f)/T_r \tag{4-2-2}$$

式中 T_c——单位日历时间内的纯掘进时间，h；

T_f——单位时间日历内的掘进换步时间，h。

$$V_c = h_q \times \eta \times 60/100 \tag{4-2-3}$$

式中 h_q——刀盘旋转1周滚刀刀刃的切入深度，cm/r，简称贯入度；

n——刀盘转速，r/min。

(2) TBM掘进参数的选择。

掘进参数是影响掘进速度快慢的重要因素。它主要由刀盘的推进速度、扭矩、刀盘转速和推进力4个指标来表示。这些参数必须随围岩条件的变化而不断变化，而且相互之间必须匹配。掘进参数选择得当、匹配合理协调，掘进速度就高。

经综合分析，TBM施工期每月按25天计，预测TBM在各级围岩的月掘进参数分别如下：

1) Ⅱ类、Ⅲa类、Ⅲb类：720m/月、780m/月、750m/月。
2) Ⅳ类、Ⅴ类：500m/月、300m/月。

(3) TBM施工段掘进工期。

根据设计图纸的围岩分类情况，计算TBM施工段掘进工期，其汇总表见表4-2-16。

表4-2-16　　　　　TBM施工段掘进工期汇总表

围岩类别		Ⅱ	Ⅲa	Ⅲb	Ⅳ	Ⅴ	合计
月进度/m		720	780	750	500	300	3050
TBM-1段	长度/m	3006	3400	2689	570	130	9795
	工期/月	4.2	4.4	3.6	1.1	0.4	13.7
TBM-2段	长度/m	1390	2599	1451	400	50	5890
	工期/月	1.9	3.3	1.9	0.8	0.2	8.1
综合月进度指标 718.2m/月					工期总计 21.8个月		

(4) TBM施工段混凝土同步衬砌。

本标段TBM施工段重点任务是在TBM掘进的同时，实现仰拱和边顶拱同步衬砌施工。同步衬砌施工总体方案采用仰拱衬砌作业面在TBM后部跟进，其后同步进行边顶拱衬砌施工（Ⅱ、Ⅲa类围岩仅仰拱衬砌）。

TBM-1施工段混凝土衬砌进度工期汇总表见表4-2-17。

表4-2-17　　　　　TBM-1施工段混凝土衬砌进度工期汇总表

部位		月进度/m	长度/m	工期/月
TBM-1段	仰拱衬砌	652	9795	15.0
	边顶拱衬砌	257	3389	13.2
TBM-2段	仰拱衬砌	652	5890	9.0
	边顶拱衬砌	257	1901	7.4

3. 编制工作明细表

某水工隧道工程工作明细表见表4-2-18。

表4-2-18　　　　　　某水工隧道工程工作明细表

工作编码	工作名称	工程量	持续时间/天	紧前工作	资源			成本	工作描述
					人力	材料	施工设备		
	……								
0708	主洞TBM-1段掘进及衬砌	TBM掘进9795m,衬砌混凝土6.15万m³	582	TBM进场、组装、调试	—	—	TBM、自卸汽车、装载机		TBM掘进的同时,实现仰拱和边顶拱同步衬砌施工
1213	主洞TBM-2段掘进及衬砌	TBM掘进5890m,衬砌混凝土3.5万m³	312	TBM中转检修及步进	—	—	TBM、自卸汽车、装载机		TBM掘进的同时,实现仰拱和边顶拱同步衬砌施工
	……								

4. 绘制施工进度计划并确定关键线路

(1) 施工总进度计划。某水工隧道的施工总进度计划如图4-2-5所示。

(2) 关键线路分析。本标段施工关键线路为：计划开工→施工准备→1号支洞开挖及支护→TBM组装洞段开挖及衬砌→TBM进场、组装、调试→主洞TBM-1段掘进→TBM中转检修及步进→主洞TBM-2段掘进→完成全部衬砌及灌浆→支洞封堵、工程收尾→工程完工。

六、输水管道工程

输水管道工程是指由水泵加压或自然落差形成的有压水流,通过管道输送,满足供水、排水、灌溉等功能需求的工程,由管道、镇墩、支墩、阀门井、检查井及各类阀门等组成。下面结合实际工程案例,概括介绍输水管道工程的施工进度计划编制。

(一)准备工作

1. 工程概况

某输水管道工程位于东北沿海地区,输水管道线路长度为13.00km,采用单管,管道以直径DN2000的玻璃钢管和钢管为主。每年汛期为5—9月,其主汛期为6—8月,冬季

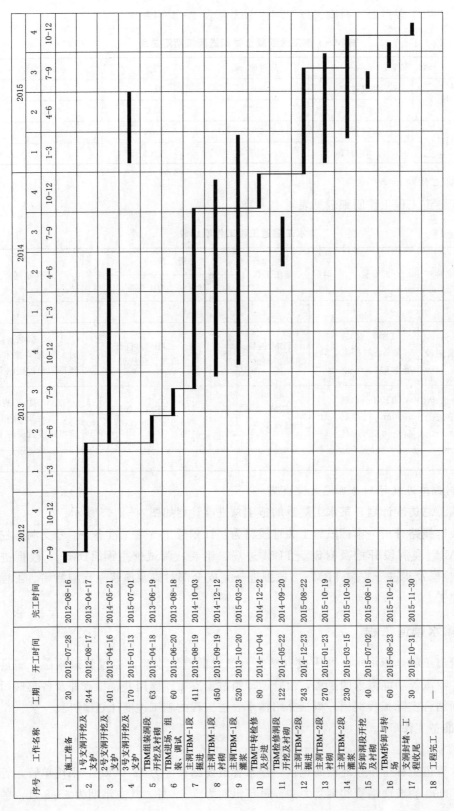

图 4-2-5 某水工隧道工程施工总进度计划（横道图）

自当年10月末至次年2月末。受海水和河水双向影响，地下水位较高。工程范围包括管道建安工程、管道附属的各类阀井、镇支墩、机电设备安装、调试、试验、试运行，管道建安工程采用明挖方式，但其中穿越公路、铁路、河流的部分采取顶管施工。

2. 确定进度计划目标

计划进场日期为2022年12月1日，计划开工日期为2022年12月20日，2023年5月31日具备全线通水调试条件，2023年11月30日完成复垦交地，2023年12月31日合同工程全部完工。

3. 影响因素分析

本工程为线性工程，具备同时开辟多个施工作业面的条件，可分区段施工。每施工区段内施工项目及顺序为：地表清理、沟槽土石方开挖、管道安装及接口处理、沟槽回填、管道打压试验、管道冲洗消毒和通水试验以及最后的现场清理及撤场，其中以管道安装为施工主控制线。沟槽开挖、管道安装、沟槽回填等安排流水作业。管道附属构筑物如排水阀井、预制空气阀井、镇墩等根据管道实际进度同时进行，及时实施沟槽回填。施工范围内的其他项目如建筑物、埋涵段、其他附属工程、环保措施等与工程总进度同步进行。

(1) 管材工程量较大，工地占线较长，施工进场后，应先修建临时道路，开创施工作业面，以便管材的运输和安装。

(2) 地下水位较高，应先进行降排水再安排土方开挖。采取"先降水、短开挖、紧安装、快回填"的施工原则开展相关施工作业内容，减少沟槽临时边坡暴露时间，确保施工安全。土方开挖后进行管道基础施工，再进行管道安装，且可同步开展附属设施施工。

(3) 管道安装完成后，逐段进行压力试验并实施土方回填。土方回填一般应在压力管道水压试验合格以后实施，避免管道漏水返工影响工期。

(4) 区段施工完成后，集中进行机电设备安装、调试试验以及联合试运行等。机电设备安装必须在通水试验之前，避免影响联合试运行而延误工期。

(5) 顶管等穿越工程，可设置为节点工程，与管道安装工程同步实施，确保在机电设备调试前完成。

4. 施工部署

(1) 本工程地处东北地区，冬季长达4个月，考虑到完工时间节点的限制，部分工程冬季施工效率低下，要采取措施增大施工效率。

(2) 顶管等穿越河流的施工项目，应安排在非汛期，即6—9月之外的时间段进行。

(3) 本标段主体施工计划分为三个安装作业面施工，第一工作面进行玻璃钢管管道安装施工，第二工作面进行穿越高速公路顶管施工，第三工作面进行穿越河流钢管施工。

(4) 管道主体施工采用顺序施工。

(5) 工程量大，时间紧，施工时间段跨越2023年春节，春节期间计划正常施工。

(6) 考虑天气、气候等对施工的影响，每个月的有效工作时间按25天计算。

(二) 项目工作分解结构

本输水管道工程，按施工部署划分为管道安装工程、顶管工程、构筑物工程及机电设备安装工程等4个分部工程，工作分解结构及主要工程量表见表4-2-19。

表 4-2-19　　　　　某输水管道工程工作分解结构及主要工程量表

第一层级	某输水管道工程	
第二层级	第三层级	主要工程量
管道安装工程	土方开挖；管道基础（含镇墩、支墩）、管道安装、水压试验、土方回填	土方开挖 48 万 m^3； 玻璃钢管管道安装 10052m； 钢管管道安装 1515m； 土方回填 44 万 m^3； 土地复垦 57.54hm^2
顶管工程	工作井、接收井、管道顶进	顶管长度总计 1431m； 工作井、接收井各 5 座
构筑物工程	阀门井、检查井、流量计井、调压塔等	阀门井、检查井、流量计井等 24 座； 调压塔 1 座
机电设备安装工程	复合式空气阀、缓闭式空气阀、真空破坏阀、手动闸阀、保温呼吸器、流量计、压力表安装，通信光缆等	—

（三）施工总进度计划编制

1. 分析确定逻辑关系

某输水管道工程工作之间逻辑关系分析表见表 4-2-20。

表 4-2-20　　　　　某输水管道工程工作之间逻辑关系分析表

工作编码	工作名称	持续时间/天	紧前工作
01	施工准备	20	无
02	进场道路	40	施工准备
03	土方开挖	78	进场道路
04	管道基础	66	土方开挖
05	玻璃钢管管道安装（含分段水压试验）	68	管道基础
06	钢管管道安装（含分段水压试验）	60	管道基础
07	土方回填	90	管道安装
08	顶管施工	69	施工准备
09	机电设备安装	26	管道安装
10	混凝土构筑物	204	施工准备
11	土地复垦	214	土方回填

2. 估算工作的持续时间

（1）土方开挖。玻璃钢管管道土方开挖工程量约 48 万 m^3，主要为沟槽土方开挖。土方开挖主要施工期约为 2.6 个月，土方开挖施工有效天数约 65 天，日平均土方开挖为 7400m^3，计划采用 1.6m^3 挖掘机进行土方开挖作业，考虑实际每日施工时间，按每个工作日 12 个台时计算生产能力。1.6m^3 反铲挖掘机生产能力为 125m^3/台时，1.0m^3 挖掘机生产能力为 75m^3/台时，需配备 5 台 1.6m^3 反铲挖掘机进行土方开挖工作，1 台 1.0m^3 挖掘机辅助开挖施工作业。

(2) 管道安装。本标段玻璃钢管安装总长度为10052m，其中局部为钢管，暂不计算强度。根据以往工程经验，确定每日安装强度为30节（每节玻璃钢管长度6m，DN2000），即每日安装180m，计算得出理论施工时长为56天，每个月按照25天的工作时间计算，再考虑局部钢管施工的耗时，最终确定施工时长按68天计算。本标段钢管直埋段全长1515m，约合130余节，按照吊装、对口、焊接、防腐、检测等各工序耗时计算并结合施工经验，每天可以完成2.5节，即日平均施工强度30m，过河段全段施工所需工作日为51天，按照每个月25天的工作日计算，施工时长需2个月。管道分段水压试验，与管道安装工程交叉、同步进行。

(3) 土石方填筑。本标段土石方填筑主要为管道沟槽土方回填、中粗砂回填、砂砾料回填，采用推土机、装载机、挖掘机铺料，采用蛙式打夯机、手扶振动碾、12t光轮振动碾夯实和碾压。1.6m³反铲挖掘机生产能力按125m³/台时计算，TY16推土机和50装载机生产能力各按62.5m³/台时计算。本工程土方填筑工程量约44万m³，土方回填有效施工时间约90天，日平均土方填筑施工强度为5000m³。

(4) 顶管施工。直顶管630m，混凝土套管801m。混凝土沉井施工，深度为10~12m，每3m一段，每个沉井分为4段进行浇筑，每段钢筋绑扎、模板支立、浇筑混凝土及等需7天，再加上沉井下沉的时间，每座沉井的施工时间为30天。顶管设备安装调试时间3天，设备转场时间约为7天，直顶钢管施工每天可以完成3节（6m/节），即18m的施工任务，顶混凝土套管每天可以完成8节（3m/节），即24m的施工任务。工作井采取钢板桩形式，施工时间为20天。各接收井不占直线工期，可提前作业。混凝土套管内安装钢管每天可完成2节，即12m的施工任务。考虑到特殊情况，69天可完成顶管施工。

3. 编制工作明细表

某输水工管道程工作明细表（部分）见表4-2-21。

表4-2-21　　　　　某输水管道工程工作明细表（部分）

工作编码	工作名称	工程量	持续时间/天	紧前工作	资源 人力	资源 材料	资源 施工设备	成本	工作描述
……									
05	玻璃钢管管道安装	10052m	68	管道基础		玻璃钢管道10052m	3台150t履带吊	—	管道吊装、清洁接头、胶圈安装、管道对接安装等
07	土方回填	44万m³	90	管道安装	—	均质土	6台1.6m³液压反铲挖掘机；6台20t自卸汽车；3台TY220推土机；3台YZ12自行式振动碾；8台电动夯机	—	回填土采用机械夯实，管道两侧同步回填，采用小型电动夯机逐层压实。当土回填到管顶部500mm以上时，分段回填，自行式振动碾压实
……									

4. 绘制施工进度计划并确定关键线路

(1) 施工总进度计划（横道图）。某输水管道工程施工总进度计划（横道图）如图

4-2-6 所示。

工作编号	工作名称	持续时间/天	开始时间	完成时间	2022年			2023年												
					4季度			1季度			2季度			3季度			4季度		
					10	11	12	1	2	3	4	5	6	7	8	9	10	11	12
01	施工准备	20	2022-12-01	2022-12-20															
02	进场道路	40	2022-12-08	2023-01-16															
03	土方开挖	78	2022-12-25	2023-03-12															
04	管道基础	66	2023-03-01	2023-05-05															
05	玻璃钢管管道安装	68	2023-03-09	2023-05-15															
06	钢管管道安装	60	2023-03-21	2023-05-19															
07	土方填筑	90	2023-03-20	2023-06-17															
08	顶管施工	69	2023-03-18	2023-05-25															
09	机电设备安装	26	2023-04-25	2023-05-20															
10	混凝土构筑物	204	2023-04-11	2023-10-31															
11	土地复垦	214	2023-06-01	2023-12-31															

图 4-2-6 某输水管道工程施工总进度计划（横道图）

（2）关键线路分析。本工程的关键线路为：施工准备→进场道路→土方开挖→管道基础→玻璃钢管管道安装→土方填筑→土地复垦。

第五章 施工进度控制

施工进度控制工作的程序和内容、施工进度计划的检查比较分析、施工进度计划的调整、工期延误的管理等是施工监理进度控制的主要内容。监理机构是监理人在施工现场派驻的工作机构,本章以监理机构作为监理工作的主体表述。

第一节 施工进度控制监理工作程序、内容和措施

本节梳理了《水利工程施工监理规范》(SL 288—2014)中与进度控制相关的监理工作的程序,以及《水利工程施工监理规范》(SL 288—2014)和《水利水电工程标准施工招标文件(2009年版)》中与进度控制相关的监理工作主要内容和监理机构在进度控制过程可采取的措施。

一、施工进度控制监理工作程序

施工进度计划控制的监理工作程序包括基本工作程序、进度控制监理工作程序、进度计划审批程序等。

(一)基本工作程序

根据《水利工程施工监理规范》(SL 288—2014),施工进度计划控制的基本工作程序如下:

(1) 在监理机构中设立进度控制管理部门或选派专业监理人员,明确责任分工。
(2) 制定进度控制监理工作制度。
(3) 熟悉工程建设有关法律、法规、规章以及技术标准,熟悉工程设计文件、施工合同文件和监理合同文件。
(4) 参与编制监理规划中的进度控制。
(5) 组织编制进度控制工作监理实施细则。
(6) 进行进度控制监理工作交底。
(7) 实施进度控制监理工作。
(8) 整理进度控制监理工作档案资料。
(9) 其他进度控制工作。

(二)进度控制监理工作程序

根据《水利工程施工监理规范》(SL 288—2014),施工阶段进度控制监理工作程序如图 5-1-1 所示。

第五章 施工进度控制

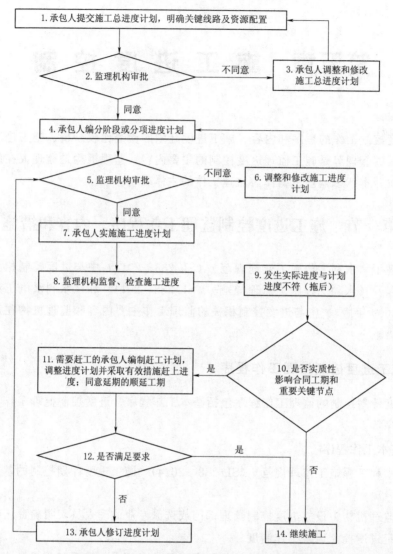

图 5-1-1 施工阶段进度控制监理工作程序图

(三) 施工进度计划审批程序

1. 施工总进度计划审批程序

根据《水利工程施工监理规范》(SL 288—2014) 和《水利水电工程标准施工招标文件 (2009 年版)》,施工总进度计划审批程序如下:

(1) 监理机构应在合同工程开工前,依据施工合同约定的工程总目标、阶段性目标和发包人的控制性总进度计划(工程建设总进度计划),制定施工总进度计划的编制要求,并书面通知承包人。

(2) 承包人应按施工合同约定的内容、期限和监理机构提出的施工总进度计划的编制要求,编制施工总进度计划,报送监理机构。

(3) 监理机构应在施工合同约定的期限内完成审查并批复或提出修改意见。

(4) 根据监理机构的修改意见，承包人应修正施工总进度计划，重新报送监理人。

(5) 监理机构在审查中，可根据需要提请发包人组织设计代表机构、承包人、设备供应单位、征迁部门等有关方参加施工总进度计划协调会议、听取参建各方的意见，并对有关问题进行分析处理，形成结论性意见。

2. 分阶段、分项目和专项进度计划审批程序

承包人根据施工合同约定，分年度编制年施工进度计划，报监理机构审批。根据进度控制需要，监理机构可要求承包人编制季、月施工进度计划，单位工程或分部工程施工进度计划，以及专项施工进度计划，如度汛计划、赶工计划等，实施前都应报送监理机构审批，施工审批程序与施工总进度计划基本相同。

二、施工进度控制监理工作内容及措施

根据《水利工程施工监理规范》（SL 288—2014）和《中华人民共和国标准监理招标文件（2017 年版）》，监理机构进度控制的工作内容和重要工作要求如下。

（一）监理机构进度控制的工作内容

(1) 完成监理机构的进度控制的准备工作。

(2) 审批承包人提交的施工进度计划。

(3) 检查发包人和承包人的开工条件、审核承包人的开工申请，并签发开工通知。

(4) 按合同约定办理或组织办理向承包人提供施工图纸、发包人采购的设备、施工道路与场地等事宜。

(5) 检查比较实际进度与计划进度的偏差，分析偏差影响程度，若出现实质性偏差，按合同约定处理工期延误事项。

(6) 按合同约定权限处理施工暂停事宜。

(7) 主持监理例会，研究、协调、批准、指示、认可有关进度事宜。

(8) 分析进度状况，对存在的问题提出建议与意见，编写进度报告。

(9) 组织或参与合同工程的验收工作，协商核定完工日期。

(10) 处理工期延误或提前有关事宜。

(11) 其他与进度控制的工作。

（二）监理机构进度控制的重点工作要求

监理机构施工进度控制的重点工作可分为施工进度控制监理准备工作、审批施工总进度计划、施工准备及合同工程开工、施工进度检查比较分析、施工进度调整、暂停施工及工期延误管理等。本条介绍前三项重点工作，其他重点工作将在本章其他节中介绍。

1. 施工进度控制监理准备工作

根据《水利工程施工监理规范》（SL 288—2014），施工进度控制监理准备工作有如下要求。

(1) 建立监理工程进度控制工作的组织保障体系，包括明确工程进度控制机构人员及职责、制定工程进度控制工作制度等。

(2) 编制监理规划。监理规划由总监理工程师组织编制，报监理单位技术负责人批准。监理规划是指导监理机构全面开展监理工作的指导性文件。监理规划一般包括总则、工程质量控制、工程进度控制、工程投资控制、施工安全及文明施工监理、合同管理的其他工作、协调、工程质量评定与验收监理工作、缺陷责任期监理工作、信息管理、监理设施、监理实施细则编制计划等部分。其中，总则中工程项目主要目标应明确计划工期（包括阶段性目标的开工和完工日期）等，工程进度控制包括进度控制的内容、制度和措施等。

(3) 编制进度控制工作监理实施细则。

1) 进度控制工作监理实施细则由负责进度控制工作的监理工程师组织相关专业监理人员编制，并报总监理工程师批准后组织实施。

2) 进度控制工作监理实施细则应符合监理规划的基本要求，充分体现工程特点、施工合同和监理合同约定的要求，结合工程项目的施工方法和专业特点，明确具体的控制措施、方法和要求，具有针对性、可行性和可操作性。

3) 进度控制工作监理实施细则应针对不同情况制订相应的对策和措施，突出监理工作的事前审批、事中监督和事后检验。

4) 进度控制工作监理实施细则可根据实际情况按进度分阶段编制，但应注意前后的连续性和一致性。

5) 总监理工程师在审核进度控制工作监理实施细则时，应注意各专业监理（或专业工作）实施细则间的衔接与配套，以组成系统、完整的监理实施细则体系。

6) 在进度控制工作监理实施细则条文中，应具体写明引用的规程、规范、标准及设计文件的名称、文号；文中涉及采用的报告、报表时，应写明报告、报表所采用的格式。

7) 在监理工作实施过程中，进度控制工作监理实施细则应根据实际情况进行补充、修改和完善等。

8) 进度控制工作监理实施细则内容如下：

a. 适用范围。

b. 编制依据。

c. 进度控制工作特点和控制要求。如进度控制人员的职责分工、以及相关的各项工作的时间安排及工作流程等。

d. 进度控制监理工作内容、技术要求和程序。

e. 采用的表式清单。

2. 审批施工总进度计划

根据《水利水电工程标准施工招标文件（2009年版）》和《水利工程施工监理规范》(SL 288—2014)，监理机构审批施工进度计划要求如下。

(1) 监理机构应在合同工程开工前依据施工合同约定的工期总目标、阶段性目标和发包人的控制性总进度计划，制定施工总进度计划编制要求，并书面通知承包人。

(2) 承包人应按技术标准和要求（合同技术条款）约定的内容和期限及监理机构指示（包括监理机构对施工进度计划的编制要求），编制并向监理机构提交施工总进度计划及说明。承包人可采用施工进度计划申报表（《水利工程施工监理规范》附录E中的表

CB02）报审。

(3) 监理机构审查承包人报送的施工总进度计划内容如下：

1) 施工总进度计划应符合相关的编制要求。

2) 与合同工期和阶段性目标的响应性与符合性。

3) 有无项目内容漏项或重复的情况。

4) 各项目之间逻辑关系的正确性与施工方案的可行性。

5) 关键路线安排的合理性。

6) 人员、施工设备等资源配置计划和施工强度的合理性。

7) 原材料、中间产品和工程设备供应计划与施工总进度计划的协调性。

8) 本合同工程施工与其他合同工程施工之间的协调性。

9) 用图计划、用地计划等的合理性，以及与发包人提供条件的协调性。

10) 其他应审查的内容。

(4) 施工监理机构应在施工合同中技术标准和要求（合同技术条款）约定的期限内完成审查并批复或提出修改意见。超过约定的期限内未批复的，承包人编制并报审的施工进度计划视为已批准。监理机构可采用批复表（《水利工程施工监理规范》附录 E 中的表 JL05）填写批复意见。

3. 施工准备及合同工程开工

(1) 施工准备。

根据《水利水电工程标准施工招标文件（2009 年版）》和《水利工程施工监理规范》（SL 288—2014），施工准备监理工作是检查发包人和承包人的开工准备情况，具体要求如下。

1) 监理机构在开工前检查发包人应提供的施工条件是否满足开工要求，应包括下列内容：

a. 首批开工项目施工图纸的提供。

b. 测量基准点、基准线和水准点及相关资料的移交。

c. 施工用地的提供。

d. 施工合同约定应由发包人负责的道路、供电、供水、通信及其他条件和资源的提供情况。

2) 监理机构在开工前检查承包人施工准备情况是否满足开工要求，应包括下列内容：

a. 承包人派驻现场的主要管理人员、技术人员及特种作业人员是否与施工合同一致。若有变化，应重新审查并报发包人认可。

b. 承包人进场施工设备的数量、规格和性能是否符合施工合同约定，进场情况和计划是否满足开工及施工进度要求。

c. 进场原材料、中间产品和工程设备的质量、规格是否符合施工合同约定，原材料的储存量及供应计划是否满足开工及施工进度需要。

d. 承包人的检测条件或委托的检测机构是否符合施工合同约定及有关规定。

e. 承包人对发包人提供的测量基准点的复核，以及承包人在此基础上完成施工测量网的布设及施工区原始地形图的测量情况。

f. 砂石系统、混凝土拌和系统或商品混凝土供应方案以及场内道路、供水、供电、供风及其他施工辅助加工厂、设施的准备情况。

g. 承包人的质量保证体系。

h. 承包人的安全生产管理机构和安全措施文件。

i. 承包人提交的施工组织设计、专项施工方案、施工措施计划、施工总进度计划、资金流计划、安全技术措施、度汛方案和灾害应急预案等。

j. 应由承包人提供完整的施工图纸和技术文件。

k. 按照施工合同约定和施工图纸的要求需进行的施工工艺试验和料场规划情况。

l. 承包人在施工准备完成后递交的合同工程开工申请报告。

承包人可采用现场组织机构及主要人员报审表、原材料/中间产品进场报验单、施工设备进场报验单（《水利工程施工监理规范》附录E的表CB06～表CB08）等向监理机构报审，作为相关合同工程开工准备工作完成的证明材料。

(2) 合同工程开工要求。

根据《水利水电工程标准施工招标文件（2009年版）》和《水利工程施工监理规范》（SL 288—2014），合同工程开工的要求如下：

1) 承包人完成合同工程开工准备后，应向监理机构提交合同工程开工申请表（开工报审表），经监理机构审批后执行。开工申请表（开工报审表）所附开工申请报告中应详细说明按合同进度计划正常施工所需的施工道路、临时设施、材料设备、施工人员等施工组织措施的落实情况以及工程进度安排。

合同工程开工申请表可采用《水利工程施工监理规范》附录E的表CB14，见表5-1-1。

2) 监理机构在检查发包人、承包人的开工准备满足开工要求后，批复承包人的合同工程开工申请。合同工程开工申请批复可采用《水利工程施工监理规范》附录E中的表JL02。

3) 监理机构应在获得发包人同意后，并在开工日期7天前向承包人发出合同工程开工通知。合同工程开工通知可采用《水利工程施工监理规范》附录E中的表JL01，见表5-1-2。

4) 由于承包人原因使工程未能按期开工的，监理机构应通知承包人按施工合同约定提交书面报告，说明延误开工原因及赶工措施。

5) 由于发包人原因使工程未能按期开工的，承包人有权要求延长工期。监理机构在收到承包人提出的书面要求后，与合同双方商定或确定增加的费用和延长的工期。

由总监理工程师审批承包人提交的合同工程开工申请、施工组织设计、施工总进度计划、年施工进度计划、专项施工进度计划，不得授权他人。

(三) 监理机构施工进度控制的措施

监理机构应根据合同工程的具体情况及可能影响施工进度的因素，研究制定有针对性的进度控制措施，以确保合同工程进度目标的实现。例如，进度控制的措施通常包括组织、技术、管理措施等。

表 5-1-1　　　　　　　　　　合同工程开工申请表

　　　　　　　　　　　　　（承包 [　　] 合开工　　号）

合同名称：　　　　　　　　　　　　　　　　　　　　　合同编号：

致（监理机构）：

　　我方承担的_____合同工程，已完成了各项施工准备工作，具备了开工条件，现申请开工，请贵方审批。

　　附件：合同工程开工申请报告。

　　　　　　　　　　　　　　　　　　　　　　　　　　承 包 人：（现场机构名称及盖章）
　　　　　　　　　　　　　　　　　　　　　　　　　　项目经理：（签名）
　　　　　　　　　　　　　　　　　　　　　　　　　　日　　期：　年 月 日

审核后另行批复。

　　　　　　　　　　　　　　　　　　　　　　　　　　监理机构：（名称及盖章）
　　　　　　　　　　　　　　　　　　　　　　　　　　签收人：（签名）
　　　　　　　　　　　　　　　　　　　　　　　　　　日　　期：　年 月 日

　　说明：本表一式____份，由承包人填写。监理机构签收后，发包人____份、设代机构____份、监理机构____份、承包人____份。

1. 组织措施

（1）建立进度控制组织管理体系，明确工程项目监理机构中进度控制人员及其职责分工、考核等方面内容。

（2）建立并落实进度控制工作制度。

（3）建立并落实技术文件核查、审核和审批制度。根据合同约定由发包人或承包人提供的施工图纸、技术文件，承包人提交的开工申请、施工组织设计、施工进度计划、度汛方案和灾害应急预案等文件，均应由监理机构核查、审核或审批后方可实施。

表 5-1-2　　　　　　　　　　合同工程开工通知

（监理 [　] 开工　　号）

合同名称：　　　　　　　　　　　　　　　　　　　　合同编号：

致（承包人）： 　　根据施工合同约定，现签发_____合同工程开工通知。贵方在接到该通知后，及时调遣人员和施工设备、材料进场，完成各项施工准备工作，尽快提交《合同工程开工申请表》。 　　该合同工程的开工日期为_____年___月___日。   　　　　　　　　　　　　　　　　　　　　　　　　　　　监　理　机　构：（名称及盖章） 　　　　　　　　　　　　　　　　　　　　　　　　　　　总监理工程师：（签名） 　　　　　　　　　　　　　　　　　　　　　　　　　　　日　　　　期：　年 月 日
今已收到合同工程开工通知。   　　　　　　　　　　　　　　　　　　　　　　　　　　　承 包 人：（名称及盖章） 　　　　　　　　　　　　　　　　　　　　　　　　　　　签 收 人：（签名） 　　　　　　　　　　　　　　　　　　　　　　　　　　　日　　期：　年 月 日

说明：本表一式____份，由监理机构填写。承包人签收后，发包人____份、设代机构____份、监理机构____份、承包人____份。

（4）建立并落实进度计划实施中的检查分析及监理日志及月报制度。

（5）建立并落实会议制度。监理会议包括第一次监理工场会议、监理例会、监理专题会议等，通过会议制度，搭建各参建方沟通交流的平台，定期掌握工程进展情况、及时发现并提出解决问题的意见和建议并督促问题解决。专题讨论研究包括施工进度、变更、索赔、争议等方面的事项和问题。

2. 技术措施

（1）在施工组织设计（或专项施工措施）、专项施工方案审查中，既要考虑科学性、可行性和经济性，还应重视与施工总进度计划相适应。

（2）编制的进度控制工作监理实施细则应紧密联系工程施工实际，切实起到指导监理人员开展进度控制监理工作的作用。

（3）运用互联网数字化信息化手段，建立各参建方互联互通的信息交流渠道，采用网络计划技术及其他科学适用的进度计划表示方法，以及建设工程项目管理系统，对建设工程进度实施动态控制。

3. 管理措施

（1）要确保审批的施工进度计划具有科学性、合理性和经济性，检查比较分析进度计划结果的及时性和准确性，研判进度延误原因与责任的可靠性，提出改进方案和建议的可行性。

（2）及时办理工程费用事项。把好工程预付款的支付条件、金额及签发工程预付款支付证书核查关，工程进度付款申请单及相关证明材料的审核关，及时向发包人报审。

（3）处理工程变更事项。把握好工程变更情形的确认、变更实施方案的审批、变更价格估价的确定等重要环节；重视将承包人合理建议转换为工程变更；协调变更争议。

（4）处理索赔事项。要依法依规依据处理承包人和发包人的索赔事项，注重审查索赔的时效性，支持材料的真实性，保证计算依据、方法和结果的合理性。公平公正提出索赔处理建议，做好索赔争议协调工作。

第二节　施工进度计划的检查比较与分析

监理机构通过定期或不定期对施工进度进行检查比较分析，掌握施工进展情况，这是施工进度控制工作的重要环节。本节重点介绍施工进度计划实施过程中监理工作的要求、实际进度与计划进度比较的内容和方式、施工进度计划延误分析的步骤和内容等。

一、施工进度检查比较与分析中监理工作的要求

根据《水利工程施工监理规范》（SL 288—2014），施工进度检查比较与分析中监理工作的要求如下：

（1）根据工程的类型、规模、监理范围及施工现场的条件等，确定进度计划检查的频率，一般可分为日检查、周检查、旬检查、月检查等，以监理日记、日志和月报形式记录检查情况。

（2）监理机构应检查承包人是否按批准的施工进度计划组织施工。可根据承包人提供的工程计量报验单、已完工程量汇总表以及施工月报中的相关内容等，并结合现场检查情况，掌握工程实际进度情况。

（3）监理机构应检查承包人的资源投入是否满足施工需要。检查的主要内容包括：原材料/中间产品使用及报验情况、现场施工设备使用情况、现场人员情况等。通过检查承包现场资源投入情况，核实承包人提供的相关实际进度数据资料的有效性和准确性。

（4）监理机构根据实施进度数据，比较分析实际进度与计划进度的偏差。重点分析关键线路的进展情况和进度延误的影响因素，并采取相应的监理措施。

二、实际进度与计划进度比较的内容与方式

（1）监理机构对施工进度检查获得实际进度数据及信息进行整理汇总，形成与进度计划具有可比性的数据，将相同时间节点的实际进度与计划进度数据相比较。根据施工进度计划的表示方式、比较结果运用的情况，可选用标图法、前锋线法、列表法、工程曲线法等进行比较。

（2）监理机构将实际进度与计划进度比较，可采用按数量比较、按时间段比较、按对象比较等三种方式。按数量比较，可分为按实物工程量、合同完成金额等比较；按时间段比较，可分为按年、季、月等比较；按对象比较，可分为按单位工程、分部工程、专业施工、施工工序等比较。

（3）采用工程曲线法比较时，按累计实物工程量（或合同完成金额）或百分数比较，采用标图法、前锋线法、列表法比较时，将实物工程量（或合同完成金额）换算成相应的工作时间后进行比较。比较结果分为三种情形：实际进度与计划进度一致、实际进度比计划进度提前（或超额）、实际进度比计划进度延误（拖欠）。

三、施工进度计划延误分析的步骤和内容

某项工作（工程或工序）进度计划延误是指在检查时间节点，未按时完成计划进度的工作量（工程量）。一般根据进度延误的时间，分析对后续工作、合同工期或阶段性目标的影响。

（一）施工进度计划延误分析的步骤

1. 分析出现进度延误的工作是否为关键工作

如果出现进度延误的工作位于关键线路上，即是关键工作，说明进度延误将影响合同工期和后续工作的进度，即造成工期延误，工期延误时间等于进度延误时间。

2. 分析进度延误是否超过总时差

如果出现进度延误的工作为非关键工作，且进度延误时间大于该工作的总时差时，说明该工作已转变成关键工作，进度延误将影响合同工期和后续工作的进度，即造成了工期延误，工期延误时间等于进度延误时间与总时差的差值。

3. 分析进度偏差是否超过自由时差

如果出现进度延误的工作为非关键工作，其进度延误时间等于（或小于）总时差，且大于自由时差时，说明进度延误不影响合同工期，但影响后续工作的进度。

若进度偏差未超过自由时差，说明既不影响合同工期，也不影响后续工作的进度。

4. 分析出现进度延误是否对阶段性目标造成影响

分析出现进度延误是否对阶段性目标造成影响时，将施工进度计划的限制在与阶段性目标相关内容的范围内，视阶段性目标为合同工期，以此分析进度延误对阶段性目标的影响，分析步骤同上。

（二）施工进度计划延误分析的内容

1. 分析进度延误的影响程度

按照施工进度计划延误的分析步骤，确定进度延误对合同工期、阶段性目标、后续工

作的进度造成的影响。

2. 分析进度延误的原因及责任

监理机构根据承包人提供的进度延误原因分析报告,结合现场检查情况及监理会议讨论研究结果,确认进度延误的原因及责任。为后续的进度计划调整、按合同约定处理工期延误提供可靠的依据。

第三节 施工进度计划调整

施工进度计划调整是施工进度计划控制的重要环节,本节主要介绍施工进度计划调整的要求,调整的原则和方法等内容。

一、施工进度计划调整的要求

根据《水利工程施工监理规范》(SL 288—2014)和《水利水电工程标准施工招标文件(2009年版)》,施工进度计划调整有如下要求。

(1) 监理机构在检查中发现实际进度与施工进度计划发生了实质性偏差,应指示承包人分析造成进度偏差的原因,修订施工进度计划。

(2) 不论何种原因造成施工进度计划延迟,承包人均应按监理机构的指示采取赶工措施赶上进度。

(3) 不论何原因造成实际进度与进度计划不符时,承包人均应在14天内向监理机构提交修订合同进度计划的申请报告(施工进度计划调整申报表),并附有关措施和相关资料(包括调整理由、形象进度、工程量、资源投入计划等),报监理机构审批。监理机构认为需要修订施工进度计划时,承包人应按监理机构指示,在14天内向监理机构提交修订合同进度计划,并附调整计划的相关资料(包括赶工措施报告),监理机构应在收到修订施工进度计划后的14天内批复。承包人向监理机构可采用施工进度计划调整申报表(《水利工程施工监理规范》附录E中的表CB25)提交修订合同进度计划,见表5-3-1。

(4) 当变更影响施工进度时,监理机构应指示承包人编制变更后的施工进度计划,并按施工合同约定处理变更引起的工期调整事宜。

(5) 施工进度计划的调整涉及总工期目标、阶段目标改变,或者资金使用有较大的变化时,监理机构应提出审查意见并报发包人批准。

(6) 发包人要求承包人提前完工,或承包人提出提前完工的建议能够给发包人带来效益的,应由监理人与承包人共同协商采取加快工程进度的措施并修订合同进度计划。发包人应承担承包人由此增加的费用,并向承包人支付专用合同条款中"工期提前"约定的资金。

(7) 发包人要求提前完工的,双方协商一致后应签订提前完工协议,协议内容包括:

1) 提前的时间和修订后的进度计划。

2) 承包人的赶工措施。

3) 发包人为赶工提供的条件。

4) 赶工费用(包括利润和奖金)。

第五章 施工进度控制

表 5-3-1　　　　　　　　　施工进度计划调整申报表
（承包〔　〕进调　号）

合同名称：　　　　　　　　　　　　　　　　　　　　合同编号：

致（监理机构）： 　　我方现提交_____工程项目施工进度调整计划，请贵方审批。 　　附件：施工进度调整计划（包括调整理由、形象进度、工程量、资源投入计划等）。   承 包 人：（现场机构名称及盖章） 项目经理：（签名） 日　　期：　年 月 日
监理机构将另行签发审批意见。   监理机构：（名称及盖章） 签 收 人：（签名） 日　　期：　年 月 日

说明：本表一式____份，由承包人填写。监理机构签收后，发包人____份、监理机构____份、承包人____份。

二、施工进度计划调整原则和方法

(一) 施工进度计划调整原则

在施工实施过程中，出现进度延误影响后续工作进度，或造成工期延误的情况时，承包人采取赶工措施并修订施工进度计划，监理机构审查承包人提供的修订的施工进度计划，都应遵循施工进度计划调整的原则具体内容如下。

(1) 计划调整应从全局出发，调整对后续工作（或项目）施工影响小的工作（或项目）。

1) 日进度的延误尽量在周计划内调整，周进度的延误尽量在下周计划内调整，月进度的延误尽量在下月计划内调整。

2) 一个项目（或标段）的进度延误尽量在本项目（或标段）计划时间内或其时差内赶工完成。

（2）进度计划中重要关键节点目标不得随意突破。

（3）合同约定的计划工期和阶段性目标不得随意调整。

（4）施工进度计划的调整应首先保证关键工作按期完成。

（5）施工进度计划调整应首先保证因异常恶劣的气候条件（如洪水、强降雨）等自然因素引起的施工项目暂停恢复。

（6）施工进度计划调整应选择合理的施工方案，选择资源配置允许、空间范围足够、投入较少的工作（或项目）作为施工进度计划调整的对象。

（二）施工进度计划调整方法

在建设工程中，当出现工期延误的情况下，调整施工进度计划的方法分为两类：一类是运用网络计划技术中的工期优化的原理和方法修订（调整）施工进度计划；另一类是按合同约定的方式延长工期。

1. 工期优化

网络计划技术中的工期优化分为以下几种情况：

（1）不改变工作之间逻辑关系，增加单位时间资源投入，缩短关键工作时间以达到符合合同工期（或阶段性目标）的目的。

（2）通过调整施工方案，对部分关键工作在空间或（和）时间上进行重新安排，即改变部分工作之间的逻辑关系，实现缩短关键工作持续时间以达到符合合同工期（或阶段性目标）的目的。如在空间范围足够、资源配置允许的情况下，可将原来顺序施工的几项工作进行合理搭接，也可划分为若干个施工区段，组织流水施工或平行施工。

工期优化的原理和方法可参考第三章第二节中的工期优化。

2. 按合同约定延长工期

《水利水电工程标准施工招标文件（2009年版）》中列举了引起进度延误的原因以及责任、处理方式：有些进度延误可通过工期优化的方法修订施工进度计划，实现合同工期目标；还有一些工期延误情况，需要延长工期才能完成合同工程所有任务。若工期延误属于承包人原因的，承包人向发包人支付施工合同专用条款中的"逾期完工违约金"，若工期延误属发包人原因的，按合同约定延长工期，以此可免除承包人的"逾期完工违约金"。

第四节 暂停施工和工期延误管理

监理机构对暂停施工和工期延误的管理是进度控制工作的重要组成部分，本节从暂停施工管理、施工进度及工期延误管理两个方面进行介绍。

一、暂停施工管理

根据《水利水电工程标准施工招标文件（2009年版）》和《水利工程施工监理规范》（SL 288—2014），因发包人和承包人的违约行为、不可抗力、异常恶劣的气候条件等自然和社会因素可能引起较为严重的质量和安全问题时，需要暂停施工，减轻或缓解其造成的不良影响。因此监理机构要准确认定暂停施工的责任、加强暂停施工期间的管理、遵循暂停施工处理要求。

(一) 暂停施工的责任

1. 承包人承担暂停施工责任的情形

(1) 承包人违约引起的暂停施工。

(2) 由于承包人原因为工程合理施工和安全保障所必需的暂停施工。

(3) 承包人擅自暂停施工。

(4) 由于承包人其他原因引起的暂停施工。

(5) 专用合同条款约定由承包人承担的其他暂停施工。

承包人原因（责任）的暂停施工造成工期延误的应自行承担其责任，其赶工费用由承包人承担。

2. 发包人承担暂停施工责任的情形

(1) 由于发包人违约引起的暂停施工情形。

1) 发包人未能按合同约定支付预付款，或拖延拒绝批准付款申请和支付凭证，导致付款延误的。

2) 发包人原因造成停工的。

3) 监理机构无正当理由没有在约定期限内发出复工指示，导致承包人无法复工的。

4) 发包人不履行合同约定其他义务的。

在履行合同过程中发生上述发包人违约情形的，承包人可向发包人发出通知，要求发包人采取有效措施纠正违约行为。发包人在收到承包人通知后的 28 天内仍不履行合同义务，承包人有权暂停施工，并通知监理人，发包人应承担因此增加的费用和（或）工期延误的后果，并支付承包人合同利润。

(2) 由于不可抗力等自然或社会因素引起的暂停施工。

(3) 专用合同条款规定的其他由于发包人原因引起的暂停施工。

由发包人原因（责任）引起的暂停施工造成工期延误的，承包人有权要求发包人延长工期和（或）增加费用，并支付合理利润。

(二) 暂停施工处理程序

1. 暂停施工的指示

(1) 监理机构认为有必要时，可向承包人作出暂停施工的指示，承包人应按监理机构指示暂停施工。不论由于何种原因引起的暂停施工，暂停施工期间承包人应负责妥善保护工程并提供安全保障。

(2) 监理机构签发暂停施工指示的要求。

1) 监理机构提出暂停施工建议，报送发包人同意后签发暂停施工指示的情形。

a. 工程继续施工将会对第三者或社会公共利益造成损害。

b. 为了保证工程质量、安全所必要。

c. 承包人发生合同约定的违约行为，且在合同约定时间内未按监理机构指示纠正其违约行为，或拒不执行监理机构的指示，从而将对工程质量、安全、进度和资金控制产生严重影响，需要停工整改。

发包人在收到监理机构提出的暂停施工建议后,应在施工合同约定时间内予以答复;若发包人逾期未答复,则视为其已同意。监理机构可据此下达暂停施工指示。

2)监理机构认为发生了应暂停施工的紧急事件时,可签发暂停施工指示,并及时向发包人报告的暂停施工情形:

a. 发包人要求暂停施工。

b. 承包人未经许可即进行主体工程施工时,改正这一行为所需要的局部停工。

c. 承包人未按照批准的施工图纸进行施工时,改正这一行为所需要的局部停工。

d. 承包人拒绝执行监理机构的指示,可能出现工程质量问题或造成安全事故隐患,改正这一行为所需要的局部停工。

e. 承包人未按照批准的施工组织设计或施工措施计划施工,或承包人的人员不能胜任作业要求,可能会出现工程质量问题或存在安全事故隐患,改正这些行为所需要的局部停工。

f. 发现承包人所使用的施工设备、原材料或中间产品不合格,或发现工程设备不合格,或发现影响后续施工的不合格单元工程(工序),处理这些问题所需要的局部停工。

(3)由于发包人的原因(或责任)发生暂停施工的紧急情况,且监理机构未及时下达暂停施工指示的,承包人可先暂停施工,并及时向监理机构提出暂停施工的书面请求(暂停施工报审表),监理机构应在接到书面请求后的 24 小时内予以答复,逾期答复的,视为同意承包人的暂停施工请求。

2. 暂停施工期间监理机构的工作要求

暂停施工后,监理机构应与发包人和承包人协商,采取有效措施积极消除暂停施工的影响。其工作及要求如下:

(1)指示承包人妥善照管工程,记录停工期间的相关事宜。

(2)督促有关方及时采取有效措施,排除影响因素,为尽早复工创造条件。

3. 复工

(1)当工程具备复工条件后,监理机构应立即向承包人发生复工通知。承包人收到复工通知后,应在监理机构指定的期限内复工。

(2)具备复工条件后,若属于由发包人同意后监理机构签发暂停施工指示情形的,监理机构应明确复工范围,报发包人批准后,及时签发复工通知,指示承包人执行。

(3)具备复工条件后,若属于监理机构签发暂停施工指示及时报告发包人情形的,监理机构应明确复工范围,及时签发复工通知,指示承包人执行。

(4)承包人无故拖延和拒绝复工的,由此增加的费用和工期延误由承包人承担;因发包人原因无法按时复工的,承包人有权要求发包人延长工期和(或)增加费用,并支付合理利润。

(5)工程复工后,监理机构应及时按施工合同约定处理因工程暂停施工引起的有关事宜。

4. 暂停施工持续 56 天以上处理要求

根据《水利水电工程标准施工招标文件(2009 年版)》,暂停施工持续 56 天以上处理要求如下：

（1）因发包人责任引起的暂停施工，监理机构发出暂停施工指示后 56 内未向承包人发出复工通知的，承包人可向监理机构提交书面通知，要求监理机构在收到书面通知后 28 天内准许已暂停施工的工程或其中一部分工程继续施工。如监理机构逾期不予批准，则承包人可以通知监理机构，将工程受影响的部分视为按施工合同的变更情形中"取消合同中任何一项工作，但被取消的工作不能由发包人或其他人实施"的可取消工作。如暂停施工影响到整个工程，可视为发包人违约，应按施工合同中"发包人违约"条款处理。

（2）由于承包人责任引起暂停施工，如承包人收到监理机构暂停施工指示后 56 天内不认真采取有效的复工措施，造成工期延误的，可视为承包人违约，应按施工合同"承包人违约"条款处理。

二、施工进度及工期延误管理

（一）施工进度延误的原因与责任

根据《水利水电工程标准施工招标文件（2009 年版）》，造成施工进度延误的原因可分为七类：发包人（含监理机构）原因、承包人原因、不利物质条件、异常恶劣的气候条件、施工现场化石与文物的发掘、不可抗力等。

1. 发包人的原因及责任

（1）发包人原因造成工期延误的，由发包人承担其责任。发包人造成工期延误的主要原因如下：

1) 增加合同工作内容。
2) 改变合同中任何一项工作的质量要求或其他特性。
3) 发包人迟延提供材料、工程设备或变更交货地点的。
4) 因发包人原因导致的暂停施工。
5) 提供图纸延误。
6) 未按合同约定及时支付预付款、进度款。
7) 发包人造成工期延误的其他原因（包括不限于）如下：

a. 发包人未能按合同约定向承包人提供开工的必要条件。

b. 发包人提供基准资料错误导致承包人测量放线工作的返工或造成工程损失的。

c. 发包人提供的材料和工程设备的规格、数量或质量不符合合同要求的，或由于发包人原因发生交货日期延误及交货地点变更等。

d. 发包人原因造成工程质量达不到合同约定的验收标准，承包人按要求返工的。

e. 发包人提供的材料或工程设备不合格造成工程不合格，需要承包人采取措施补救的。

（2）监理机构原因引起的工期延误，其责任由发包人承担。监理机构原因引起工期延误的原因如下：

1) 监理机构在施工合同约定的期限内未履行或未正确履行审核、审查、审批、指示、检查、检验等义务，而导致承包人费用增加和（或）工期延误的，由发包人承担赔偿责任。如监理机构未在合同约定的期间内完成设计图纸的审查及移交，导致施工无法按时进行，造成的工期延误。

2）监理机构对承包人的试验和检验结果有疑问的，或为查清承包人试验和检验成果的可靠性时，要求承包人重新试验和检验的，若重新试验和检验结果证明该项材料、工程设备和工程质量符合合同要求，由发包人承担工期延误的责任；否则由承包人承担工期延误的责任。

3）承包人按合同约定要求覆盖工程隐蔽部位后，监理机构对质量有疑问的，可要求承包人对已覆盖的部位进行钻孔探测或揭开重新检验，承包人应遵照执行，并在检验后重新覆盖恢复原状。造成工期延误的，若经检验证明工程质量符合合同要求，由发包人承担工期延误的责任；否则由承包人承担责任。

2. 承包人的原因及责任

承包人原因造成工期延误，由承包人承担其责任。承包人造成工期延误的主要原因（包括但不限于）如下：

（1）承包人在接到开工通知后14天内未按进度计划要求及时进场组织施工的。

（2）承包人未按合同进度计划完成合同约定工作的。

（3）承包人提供的不合格材料或工程设备，监理机构要求承包人立即进行更换的。

（4）承包人使用不合格材料、工程设备，或采用不适当的施工工艺，或施工不当，造成工程质量不合格，承包人按监理机构指示采取补救措施，直至达到合同要求的质量标准的。

（5）因承包人原因造成工程质量达不到合同约定验收标准，监理机构要求承包人返工直至符合合同要求为止的。

（6）承包人未通知监理机构到场检查，私自将工程隐蔽部位覆盖，监理机构指示承包人钻孔探测或揭开检查的。

（7）承包人使用的施工设备不能满足合同进度计划，监理机构要求承包人增加或更换施工设备的。

（8）发包人提供的材料和设备，承包人要求更改交货日期或地点的。

（9）承包人原因暂停施工的。

（10）暂停施工后，承包人无故拖延和拒绝复工的。

3. 不利物质条件

不利物质条件是指有经验的承包人在施工现场遇到的不可预见的自然物质条件、非自然的物质障碍和污染物，包括地表以下物质条件和水文条件以及合同约定的其他情形，但不包括气候条件。因此不利物质条件不仅包括在专用合同条款中约定的范围，还包括施工中遭遇不可预见的外界障碍或自然条件造成的施工受阻。

承包人遇到不利物质条件时，应采取适应不利物质条件的合理措施继续施工，并及时通知监理机构，监理机构应当及时发出指示，指示构成变更的，按工程变更方式处理。监理机构没有发出指示的，承包人因采取合理措施而增加的费用和工期延误由发包人承担。

发生不利物质条件达到索赔条件时，承包人有权根据施工合同中的索赔约定，提出延长工期及增加费用的要求。监理机构收到此类要求后,应分析承包人所遇到的情形是否符合专用条款不利物质条件的范围,或是否属于不可预见以及不可预见程度基础上,按索赔的约定办理。

4. 异常恶劣的气候条件

一般在施工合同的专用合同条款中明确异常恶劣的气候条件的范围。如:

(1) 日降雨量大于_____mm 的雨日超过_____天。

(2) 风速大于_____m/s 的_____级以上的台风灾害。

(3) 日气温超过_____℃的高温大于_____天。

(4) 日气温低于_____℃的严寒_____天。

(5) 造成工程损坏的冰雹和大雪灾害_____。

(6) 其他异常恶劣气候灾害。

当工程所在地发生危及施工安全的异常恶劣的气候条件时,发包人和承包人应按暂停施工的约定,及时采取暂停施工或部分暂停施工措施。异常恶劣的气候条件解除后,承包人应及时安排复工。

异常恶劣的气候条件造成工期延误的,由发包人与承包人参照不可抗力后果及其处理条款约定共同协调处理。

5. 施工场地化石与文物的发掘

在施工场地发掘的所有文物、古迹以及具有地质研究或考古价值的其他遗迹、化石、钱币或物品属于国家所有。一旦发现上述文物,承包人应采取有效合理的保护措施,防止任何人员移动或损坏上述文物,并立即报告当地文物行政部门,同时通知监理机构。发包人、监理机构和承包人应按文物行政部门要求采取妥善保护措施,由此导致的工期延误由发包人承担。

6. 不可抗力

根据《中华人民共和国民法典》,不可抗力是不能预见、不能避免且不能克服的客观情况。如地震、海啸、瘟疫、水灾、骚乱、暴动、战争和专用合同条款约定的其他情形。

(1) 不可抗力发生后,发包人和承包人应及时认真统计所造成的损失,收集不可抗力造成损失的证据。

(2) 合同一方当事人遇到不可抗力事件,使其履行合同义务受到阻碍时,应立即通知合同另一方当事人和监理机构,书面说明不可抗力和受阻的详细情况,并提供必要的证明。如不可抗力持续发生,合同一方当事人应及时向合同另一方当事人和监理机构提交中间报告,说明不可抗力和履行合同受阻的情况,并于不可抗力事件结束后 28 天内提交最终报告及有关资料。

(3) 发包人和承包人均应采取措施尽量避免和减少损失的扩大,任何一方没有采取有效措施导致损失扩大的,应对扩大的损失承担责任。

(4) 除专用合同条款另有约定外,不可抗力导致的人员伤亡、财产损失、费用增加和(或)工期延误等后果,由合同双方按以下原则承担:

1) 永久工程,包括已运至施工场地的材料和工程设备的损害,以及因工程损害造成的第三者人员伤亡和财产损失由发包人承担。

2）承包人设备的损坏由承包人承担。

当不可抗力事件造成不能按期竣工的，发包人应同意合理延长工期，承包人不需支付逾期竣工违约金。发包人要求赶工，承包人采取赶工措施的，赶工费用由发包人承担。

（5）合同一方当事人延误履行，在延迟履行期间发生不可抗力的，不免除其责任。

（二）工期延误的处理

根据施工合同约定，工期延误的处理方式分为工程变更、索赔以及合同约定的其他方式。这里介绍工程变更和索赔方式处理工期延误。

1. 工程变更处理程序和要求

根据《水利水电工程标准施工招标文件（2009年版）》和《水利工程施工监理规范》（SL 288—2014），以下两种由发包人原因造成的工期延误情形：①增加合同工作内容；②改变合同中任何一项工作的质量要求或其他特性；均属于工程变更情形。处理时应按工程变更方式处理。

（1）工程变更处理程序。

1）变更的提出。

a. 在合同履行过程中，可能发生合同约定变更情形，如增加合同工作内容；改变合同中任何一项工作的质量要求或其他特性等。监理人要向承包人发出变更意向书。变更意向书应说明具体内容和发包人对变更的时间要求，并附必要的图纸和相关资料。变更意向书应要求承包人提交包括拟订实施变更工作的计划、措施和竣工时间等内容的实施方案。发包人同意承包人根据变更意向书要求提交变更实施方案的，由监理机构发出变更指示。

b. 承包人收到监理机构按合同约定发出的图纸和文件，经检查认为其中存在合同约定变更情形的，可向监理机构提出书面变更建议。变更建议应阐明要求变更的依据，并附必要的图纸和说明。监理机构收到承包人书面建议后，应与发包人共同研究，确认存在变更的，应在收到承包人书面建议后的14天内作出变更指示。经研究不同意作为变更的，应由监理机构书面答复承包人。

c. 若承包人收到监理机构的变更意向书后认为难以实施此项变更的，应立即通知监理机构，说明原因并附详细依据。监理机构与承包人和发包人协商后确定撤销、改变或不改变变更意向书。

2）变更估价。

a. 承包人应在收到变更指示或变更意向书后的14天内，向监理机构提交变更报价书，报价内容应根据合同约定的变更估价原则，详细列出变更工作的价格组成及其依据，并附必要的施工方法说明和有关图纸。

b. 变更工作影响工期的，承包人应提出调整工期的具体细节。监理机构认为确有必要时，可要求承包人提交要求提前或延长工期的施工进度计划及相应的施工措施等详细资料。

3）变更指示。

a. 变更指示只能由监理机构发出。

b. 变更指示应说明变更的目的、范围、内容以及变更的工程量及其进度、技术要求，并附有关图纸文件。承包人收到变更指示后,应按变更指示进行变更工作。

4)承包人的合理化建议。

a. 在履行合同过程中,承包人对发包人提供的图纸、技术要求以及其他方面提出的合理化建议,均应以书面形式提交监理人。合理化建议书的内容应包括建议工作的详细说明、进度计划和效益及其他工作的协调等,并附必要的设计文件。监理机构应与发包人协商是否采纳建议。建议被采纳并构成变更的,应按合同约定向承包人发出变更指示。

b. 承包人提出的合理化建议降低了合同价格,缩短了工期或提高了工程经济效益的,发包人可按国家有关规定在专用合同条款中约定给予奖励。

(2)监理机构变更管理要求。

1)变更提出、变更指示、变更报价、变更确定和变更实施等过程应按施工合同约定的程序进行。

2)监理机构可依据合同约定向承包人发出变更意向书,要求承包人就变更意向书中的内容提交变更实施方案(包括实施变更工作的计划、措施和完工时间);审核承包人的变更实施方案,提出审核意见,并在发包人同意后发出变更指示。若承包人提出了难以实施此项变更的原因和依据,监理机构应与发包人、承包人协商后确定撤销、改变或不改变原变更意向书。

3)监理机构收到承包人的变更建议后,审查的内容如下:

a. 变更的原因和必要性。

b. 变更的依据、范围和内容。

c. 变更可能对工程质量、价格及工期的影响。

d. 变更的技术可行性及可能对后续施工产生的影响。

监理机构若同意变更,应报发包人批准后,发出变更指示。

4)监理机构应根据监理合同授权和施工合同约定,向承包人发出变更指示。变更指示应说明变更的目的、范围、内容、工程量、进度和技术要求等。

5)需要设代机构修改工程设计或确认施工方案变化的,监理机构应提请发包人通知设代机构。

6)当发包人与承包人就变更价格和工期协商一致时,监理机构应见证合同当事人签订变更项目价格/工期确认单。当发包人与承包人就变更价格不能协商一致时,监理机构应认真研究后审慎确定合适的暂定价格,通知合同当事人执行;当发包人与承包人就工期不能协商一致时,按合同约定的商定或确定处理。

2. 工程索赔的程序和要求

建设工程索赔通常是指在工程合同履行过程中,合同当事人一方因对方未履行或未能正确履行合同或者因其他非自身因素而受到经济损失或权利损害,通过合同约定的程序向对方提出经济或时间补偿要求的行为。本款中主要是以施工合同为例,从工程索赔基本概念、承包人的索赔、发包人索赔三个方面介绍工期索赔相关内容。

(1)工程索赔基本概念。

1)工程索赔的原因。根据施工合同,产生索赔原因分为违约、工程环境变化等两类。

a. 违约。在工程实施中，由于发包人或承包人没有尽到合同义务，导致索赔事件发生。在上款中列举的造成工期延误发包人和承包人原因中，发包人原因中除前两项属于工程变更情形外，其他情形均属于发包人或承包人违约的情形。

《中华人民共和国民法典》中与工期索赔相关的条款如下：

第八百零一条　因施工人的原因致使建设工程质量不符合约定的，发包人有权请求施工人在合理期限内无偿修理或者返工、改建。经过修理或者返工、改建后，造成逾期交付的，施工人应当承担违约责任。

第八百零三条　发包人未按照约定的时间和要求提供原材料、设备、场地、资金、技术资料的，承包人可以顺延工程日期，并有权请求赔偿停工、窝工等损失。

第七百九十八条　隐蔽工程在隐蔽以前，承包人应当通知发包人检查。发包人没有及时检查的，承包人可以顺延工程日期。并有权请求赔偿停工、窝工损失。

上述条款基本概括了《水利水电工程标准施工招标文件》中所列举的因发包人、承包人违约造成工期延误，可向对方当事人索赔的情形。具体内容可见本节的第一条（暂停施工管理）的第一款（暂停施工的责任）、第二条第一款（施工进度延误的原因及责任）。

b. 工程环境的变化。工程环境的变化包括不利物质条件、异常恶劣的气候条件、不可抗力、现场化石和文物发掘等。

2) 索赔的分类。索赔可根据目的和提出者的不同进行分类。

a. 按索赔的目的分类。按索赔的目的分类，工程索赔可分工期索赔和费用索赔。

（a）工期索赔。由于非承包人的原因导致工期延误，承包人要求批准延长合同工期的索赔称为工期索赔。工期索赔是承包人的权利要求，可避免在合同约定竣工日完成时未完成全部施工任务，被发包人追究逾期完工违约责任的风险。

（b）费用索赔。当施工的客观条件发生改变导致承包人增加费用支出时，要求对超出计划成本部分给予补偿，以挽回不应由承包人承担的经济损失。

关于费用索赔问题在本套培训丛书的其他分册中作了详细介绍，为保证本书的系统性和完整性，重点介绍与工期索赔相关的内容。

b. 按索赔的提出者分类。按索赔的提出者分类，工程索赔可分为发包人索赔和承包人索赔。

3) 工期延误时间的确定。工期延误时间的确定是工期索赔的重要依据。计算工期延误时间是进行工期索赔的重要环节。

a. 确定工期延误时间的依据。

（a）合同约定的完工时间。

（b）合同进度计划，包括施工总进度计划，分项目、分阶段的施工进度计划。

（c）合同双方共同认可的对工期和施工进度计划的修改文件，如会谈纪要、来往函件（含申请、通知、报审、批复）等。

（d）工期延期期间的实际工程进度记录，如施工日记、进度报告、监理日志、影像资料等。

（e）施工现场情况。

b. 工期延误时间计算方法。运用施工进度动态分析方法，检查在某时段实际进度的情况，逐项工作（工程或工序）进行比较并分析，判断施工进度延误是否对合同工期或阶段性目标造成影响及影响程度，再根据进度延误的不同情况，计算在某时段工期延误的时间。计算工期延误时间分为两种情形，一种是在同一时段内影响工期延误的工作只有一项，另一种是在同一时段内影响工期延误的工作有多项。

（a）单一工作（工程或项目）造成的工期延误时间计算方法。

a）若进度延误的工作是关键工作，则工期延误时间为该工作进度延误的时间。

b）若进度延误的工作是非关键工作，且进度延误时间大于其总时差，则工期延误时间为该工作进度延误时间与其总时差的差值。

（b）同一个时段多项工作造成工期延误的时间计算方法。

a）先按单一工作造成工期延误时间计算方法，分别计算每项工作的工期延误时间。

b）在原合同进度计划中，分别用原工作持续时间与该工作的工期延误时间之和替代原工作持续时间，其他工作持续时间不变，形成新的网络计划，重新计算时间参数，获得新的计算工期，该新的计算工期与原合同进度计划的工期之差即为工期延误时间。

（2）承包人的索赔。

承包人依据施工合同，对由于非自身原因导致工期延误和费用增加的，可以向发包人提出工期顺延和费用增加的要求。

1）承包人可以向发包人提出工期顺延的情形。

a. 发包人违约造成工期延误的情形，包括《中华人民共和国民法典》中第八百零三条、第七百九十八条中列举的情形；以及本节中"施工进度延误原因"以及"暂停施工原因"中属于发包人违约的情形。

b. 不利物质条件中不被监理机构认定为工程变更情形的。

c. 异常恶劣的气候条件、不可抗力、化石和文物等。

2）工期索赔的具体依据。承包人向发包人提出工期索赔的具体依据包括但不限于如下内容：

a. 合同约定或双方认可的施工总进度。

b. 合同双方认可的详细进度计划。

c. 合同双方认可的修改工期文件。

d. 施工日志、气象资料。

e. 发包人或监理机构的变更指令。

f. 合同双方认可的影响工期的干扰事件的证明材料，如异常恶劣的气候条件、不利物质条件、不可抗力、化石和文物等。

g. 受干扰后的实际工程进度的相关资料等。

3）索赔程序。

a. 索赔指出。

（a）承包人应在知道或应当知道索赔事件发生后 28 天内，向监理机构递交索赔意向通知书，并说明发生索赔事件的事由。承包人未在前述 28 天内发出索赔意向通知书的，丧失要求追加付款和（或）延长工期的权利。

（b）承包人应在发出索赔意向通知书后 28 天内，向监理机构正式递交索赔通知书（索赔申请报告）。索赔通知书应详细说明索赔理由以及要求追加的付款金额和（或）延长的工期，并付必要的记录和证明材料。

（c）索赔事件具有连续影响的，承包人应按合理时间间隔继续递交延续索赔通知，说明连续影响的实际情况和记录，列出累计的追加付款金额和（或）工期延长天数。

（d）在索赔事件影响结束后的 28 天内，承包人应向监理机构递交最终索赔通知书，说明最终要求索赔的追加付款金额和延长的工期，并附必要的记录和证明材料。

b. 索赔处理。

（a）监理人收到承包人提交的索赔通知书后，应及时审查索赔通知书的内容、查验承包人的记录和证明材料，必要时监理人可要求承包人提交全部原始记录副本。

（b）监理人应按施工合同约定的商定或确定追加的付款和（或）延长的工期，并在收到上述索赔通知书或有关索赔的进一步证明材料后的 42 天内，将索赔处理结果答复承包人。合同双方商定或确定索赔结果。

（c）承包人接受索赔处理结果的，发包人应在做出索赔处理结果答复后 28 天内完成赔付。承包人不接受索赔处理结果的，按施工合同争议解决的约定办理。

4）监理机构索赔管理的要求。

a. 监理机构应按施工合同约定受理承包人和发包人的提出的合同索赔。

b. 监理机构在收到承包人的索赔意向通知后，应确定索赔的时效性，查验承包人的记录和证明材料，指示承包人提交持续影响的实际情况说明及记录。

c. 监理机构在收到承包人的索赔申请报告或最终索赔申请后，审核与协调等工作如下：

（a）依据施工合同约定，对索赔的有效性进行审核。

（b）对索赔支持性资料的真实性进行审查。

（c）对索赔的计算依据、计算方法、计算结果及其合理性逐项进行审核。

（d）对由施工合同双方共同责任造成的经济损失或工期延误，应通过协商，公平合理地确定双方分担的比例。

（e）必要时要求承包人提供进一步的支持性资料。

d. 监理机构应在施工合同约定的时间内做出对索赔申请报告的处理决定，报送发包人并抄送承包人。若合同双方或其中任一方不接受监理机构的处理决定，则按争议解决的有关约定进行。

e. 索赔期限。

（a）承包人按合同约定接受了完工付款证书后，应被认为已无权再提出在合同工程完工证书颁发前所发生的任何索赔。

（b）承包人按合同的约定提交的最终结清申请单中，只限于提出合同工程完工证书颁发后发生的索赔。提出索赔的期限自接受最终结清证书时终止。

（3）发包人索赔。

承包人违约造成工期延误的，发包人可以索赔。

1）承包人违约造成工期延误的情形。《中华人民共和国民法典》第八百零一条概括了因承包人违约造成工期延误的情形，具体内容可参见本节工期延误、暂停施工管理中所列举的承包人原因的情形。

2）索赔处理。由于承包人不履行或不完全履行合同约定的义务，或由于承包人的行为使发包人受到损失时，发包人可以向承包人提出索赔，索赔包括工期索赔。

水利建设工程施工进度延误导致完工日期的推迟，可能影响项目投产的计划，给发包人造成经济损失，此时按施工合同专用合同条款约定，发包人有权要求承包人承担"逾期完工违约金"，延长缺陷责任期。

发包人索赔"逾期完工违约金"和（或）延长缺陷责任期的处理程序与期限如下：

a. 发生索赔事件后，监理人应及时书面通知承包人，详细说明发包人有权得到的索赔金额和（或）延长缺陷责任期的细节和依据。发包人提出索赔的期限和要求与承包人索赔期限约定相同。

b. 监理人按施工合同约定商定或确定发包人从承包人处得到赔付的金额和（或）缺陷责任期的延长期。承包人应付给发包人的金额可从拟支付给承包人的合同价款中扣除，或由承包人以其他方式支付给发包人。

c. 承包人对监理人按施工合同约定发出的索赔书面通知内容持异议时，应在收到书面通知后的14天内，将持有异议的书面报告及其证明材料提交监理人。监理人应在收到承包人书面报告后的14天内，将异议的处理意见通知承包人，并按商定和确定的约定执行赔付。若承包人不接受监理人的索赔处理意见，可按施工合同争议解决规定办理。

【例5-4-1】 某水系连通工程，建设内容为拆除河道内阻水坝埂1座，并在原址新建小型钢坝闸1座。计划工期180天，在施工中发生了如下事件。

事件1：承包人工程开工后即进行坝埂拆除施工（关键工作）。在拆坝过程中，发现（未在现有资料中标明）坝体中存在 $\phi 600$ 自来水管，承包人报告了监理人，监理机构接到承包人的报告后，指示暂停施工，并要求承包人妥善照管工程，记录停工期间的相关事宜。后经发包人协调供水公司对该自来水管道进行改线迁移。暂停施工后承包人一直未收到监理人按变更处理的指示。暂停施工40天复工后，承包人以自来水管线改造为由向发包人提出工期索赔意向书。

事件2：在闸室底板基坑开挖过程中，承包人为了保证质量和安全，扩大基坑开挖的断面尺寸，且对超挖部分回填C25素混凝土，由此该关键工作持续时间增加了5天，工程费用增加了1万元，承包人提出延长工期5天和增加费用1万元的要求。

事件3：进入主汛期施工，恰逢100年一遇的特大暴雨，闸塘漫水，造成全场性暂停施工。事后确认此次特大暴雨量级属异常恶劣的气候条件，暂停施工5天，承包人的施工设备和人员窝工费2万元，承包人提出延长工期5天和增加费用2万元的要求。

【问题】

（1）事件1中，监理机构能否批准承包人提出延长工期的要求？说明理由。

(2) 事件 2 中，分析监理机构能否批准承包人提出延长工期和增加费用的要求。

(3) 事件 3 中，监理机构应如何处理承包人提出的延长工期和增加费用的要求，并说明理由。

解：

(1) 监理机构不能批准承包人提出延长工期的要求。理由：该事件属于不利物质条件的情形，但未收到监理人按变更处理的指示，承包人应按索赔事项处理，按合同约定应在知道或应当知道索赔事件发生后 28 天内，向监理机构递交索赔意向通知书，并说明发生索赔事件的事由，否则，丧失要求延长工期的权利。承包人在事件发生的 40 天后发出索赔意向书，超过 28 天期限。

(2) 监理机构不能批准承包人提出延长工期和增加费用的要求。因为扩大基坑尺寸和回填超挖素混凝土属于承包人采取的质量和安全保证措施，根据《水利工程工程量清单计价规范》(GB 50501—2007)，施工过程的超挖量及施工附加量所发生的费用应摊入有效工程量的工程单价中，不另行计量。

(3) 监理机构应批准延长工期 5 天的要求，不同意增加费用 2 万元的要求。理由：该事件属于由异常恶劣的气候条件造成的，参照不可抗力处理原则，承包人应承担自身的经济损失，发包人承担延长工期的责任。

参 考 文 献

[1] 中国水利工程协会. 建设工程进度控制（水利工程）[M]. 北京：中国水利水电出版社，2022.

[2] 中华人民共和国水利部. 水利水电工程标准施工招标文件（2009年版）[M]. 北京：中国水利水电出版社，2010.

[3] 中华人民共和国水利部. 水利工程施工监理规范：SL 288—2014 [S]. 北京：中国水利水电出版社，2014.

[4] 中华人民共和国水利部. 水利水电工程施工组织设计规范：SL 303—2017 [S]. 北京：中国水利水电出版社，2017.

[5] 中华人民共和国住房和城乡建设部，中华人民共和国国家质量监督检验检疫总局. 建筑施工组织设计规范：GB/T 50502—2009 [S]. 北京：中国建筑工业出版社，2009.

[6] 国家市场监督管理总局，国家标准化管理委员会. 项目工作分解结构：GB/T 39903—2021/ISO 21511：2018 [S]. 北京：中国标准出版社，2021.

[7] 中华人民共和国住房和城乡建设部. 工程网络计划技术：JGJ/T 121—2015 [S]. 北京：中国建筑工业出版社，2015.

[8] 中华人民共和国水利部. 堤防施工规范：SL 260—2014 [S]. 北京：中国水利水电出版社，2014.

[9] 中华人民共和国水利部. 水利水电工程单元工程施工质量验收评定标准——混凝土工程：SL 632—2012 [S]. 北京：中国水利水电出版社，2012.

[10] 中华人民共和国水利部. 水工混凝土施工规范：SL 677—2014 [S]. 北京：中国水利水电出版社，2014.

[11] 中华人民共和国水利部. 水利水电工程单元工程施工质量验收评定标准——水工金属结构安装工程：SL 635—2012 [S]. 北京：中国水利水电出版社，2012.

[12] 中华人民共和国水利部. 水工建筑物地下开挖工程施工规范：SL 378—2007 [S]. 北京：中国水利水电出版社，2007.

[13] 中国建设监理协会. 建设工程进度控制（土木建筑工程）[M]. 北京：中国建筑工业出版社，2023.

[14] 交通运输部职业资格中心. 交通运输工程目标控制（基础知识篇）[M]. 北京：人民交通出版社股份有限公司，2023.

[15] 全国一级建造师执业资格考试用书编写委员会. 建设工程项目管理 [M]. 北京：中国建筑工业出版社，2024.

[16] 刘晓青，王润英，张继勋，等. 水工建筑物 [M]. 3版. 北京：中国水利水电出版

社，2023.
- [17] 李淑芹，于建楠，刘志明，等. 水利工程施工 [M]. 北京：中国水利水电出版社，2022.
- [18] 王操，杨涛，徐萍，等. 堤防工程 [M]. 北京：中国水利水电出版社，2023.
- [19] 董年才，陆惠民. 工程网络计划技术应用教程——依据 JGJ/T 121—2015 编写 [M]. 北京：中国建筑工业出版社，2016.